米飯
良伴

100道新手必學家常下飯菜

SABADINA主編

如何使用這本書

看著名字
就流口水

時間、難易
度清楚明瞭

需要用到的
食材一目瞭
然，要打有
準備的仗

這是修煉成
為高手的秘
笈哦！

清燉獅子頭

烹飪時間 120分鐘　難度 3

主料　豬肉500克（肥瘦相間，肥三瘦七最好）＊冬筍50克＊雞蛋1隻＊藕40克
輔料　生粉水適量＊蔥段、薑塊各20克＊花雕酒2湯匙
　　　菜心2棵（放入清水中浸泡後洗淨）＊高湯適量＊鹽1茶匙＊油1湯匙

操作步驟

①
先將豬肉切成
片，進而切成
條，最後切成碎
粒。自己切的肉餡
絕對比較肉機製出
的要好吃數倍。

②
冬筍和蓮藕分別洗
淨切成碎粒。如果
喜歡的話，還可以
加點香菇碎粒。

③
將蔥段、薑塊用刀
拍鬆，放在小碗中
搗碎擠出汁，混少
許清水製成蔥薑
水。另將雞蛋打散
備用。

④
碗中放入剁好的肉
餡、蔥薑水、冬筍
粒、蓮藕粒、雞蛋
液，加入鹽、花雕
酒攪拌均勻。

⑤
在肉餡中分數次
加入生粉水，順着
一個方向攪打肉
餡，直至肉餡起膠
上勁。

⑥
將肉餡製成
100~150克大小一
個的肉圓，在手上
塗少許油，雙手反
復輕輕團搓。

⑦
鍋中將水燒沸。取
燉盅，將燉盅內放
入適量高湯。

⑧　　完成！
將肉圓和青菜一起
放入燉盅，隔水燉
製熟透即可。

營養貼士

一個獅子頭就可以下一碗飯。既有肉的香，又有筍的鮮，不僅營養豐
富，還滿足了口腹之慾。獅子頭裏面的冬筍，不僅讓口感更鮮美，也
讓熱量減少了不少。更何況燉的過程中可以逼出很多油脂，多吃一兩
個也無妨。

烹飪秘笈

家中一般不會常備高
湯，可以借助市場上
售賣的高湯底料來調
配，或者用適量雞粉調
製簡易高湯。

軟糯滑膩，清香味醇。
能獨自享受一個大大的獅子頭真的是太幸福了，
打死也不願意和別人分享啊。

詳盡直觀的操
作步驟讓你簡
易上手

營養貼士讓你
吃得好又健康

做好的菜是
這樣子的

前言

帝王將相，販夫走卒，難逃家常菜

　　我是個吃貨，可是我還是一個有些基本原則的吃貨。

　　這一生吃過很多大餐，卻依然喜歡吃家常料理。

　　吃過河豚，吃過松露，吃過雪花和牛，吃過腿如嬰兒手臂粗的螃蟹，吃過據說吃一次就少一次的鱘魚子。

　　也試過兩人桌的餐廳，有四五個服務生服侍，燭光搖曳，風情無限；試過一餐飯吃幾千元，自己掏錢或者別人掏錢；試過坐在米芝蓮餐廳，大廚親自烹飪並且親自端上菜餚品嚐。

　　並非說那美食有什麼不好，但是，卻並沒有多少幸福感，更多是滿足了我的獵奇心。

　　我覺得，在遙遠的、可以隨意在野外挑選食材的古代，古人歷盡千難萬險，將野豬捕捉，將野雞馴化，將原本是野草的小麥和水稻變成主要農作物，將大白菜、瓜果等蔬菜植入自己的菜園，那一定是經過了他們的甄選，也就是，豬肉雞肉白菜等食材是最好吃的，小麥和水稻做成主食是怎麼也吃不厭的。

　　更有無數聰明的廚師，在這樣精選的食材上經過千百年的演繹，增減輔料，精研火候，變化出無數道美味，所以變成了現在百姓餐桌上的家常菜，也成為了我永遠無法割捨的心頭好。

　　如此千錘百煉，怎麼會不好吃呢？那滋味能自動尋覓到你腸胃和靈魂最深處的需要，只要你真的尊重自己的身體。

　　時至今日，Saba我，已出過不少美食書，卻依然選擇繼續出版家常菜，直到那怕只剩下一顆牙齒。

目錄

CHAPTER I 快手下飯菜

CHAPTER II 甘脆下飯菜

CHAPTER III 香噴噴下飯菜

CHAPTER IV 惹味下飯菜

CHAPTER V 伴飯好湯

新手烹飪課堂

中火比大火小，小火比中火小。

A

甚麼是小火？

只有內圈有火。適合慢煲。

B

甚麼是中火？

內圈有火，外圈火力只有大火的一半。適合
慢熬和一般不需要猛火的燒炒。

C

甚麼是大火？

大火是指火最旺，燃氣開關打到最大，這時
灶頭全都有火。大火適合燒水、涮或爆炒。

如何檢測油溫

有人用筷子，有人用花椒，有人靠肉眼觀察，有人靠手掌感知，更高級的是用感覺。

— A —

三成熱

油溫100℃左右，表現為無青煙，無響聲，油面平靜，手放在油面上方能感到微微的熱氣。筷子置於油中，週圍會出現細小的氣泡，一般用於滑炒、滑溜、油爆等類型菜餚。

— B —

五成熱

油溫140℃左右，表現為微有青煙，細看油表面會有波紋，手放在油面上方能感到明顯的熱氣。將原料放入油鍋後週圍有大量的氣泡。插入筷子週圍氣泡變得密集，但沒響聲，適合熗鍋和炒菜等。

— C —

八成熱

油溫200℃左右，表現為有青煙，用炒勺或者鍋鏟攪動時有響聲。插入一根筷子則週圍有大量氣泡，並且有劈裏啪啦的響聲，適合油炸或者煎肉類、魚類。

新手烹飪課堂

如何料理肉絲才滑嫩

家庭炒肉絲怎樣才能像館子裏做的那樣滑嫩？這裏面有幾個小秘訣。

 A

 B

 C

最好給肉絲上漿，漿一般由水、生粉、鹽等組成，並且要抓勻掛勻。

肉絲上漿前後可放入油，抓均勻，然後再用油鍋炒製。

上好漿的肉絲先用沸水氽熟後，再烹炒，這方法適合怕胖的女士。

 D

E

上好漿的肉絲用溫油滑熟後，再行烹調，這方法適合追求口感，不吝惜用油的人。

也可以把上好漿的肉絲直接烹炒，但是烹炒的油量要多一些，火候不要一上來就那麼大。

如何勾芡

勾芡，多用於溜、滑、炒等烹調技法，就是用生粉調成芡汁，在菜餚馬上要離鍋的時候加進去，這樣菜就不會有很多湯了，而且會鎖住菜餚溢出的汁水，使得菜餚口感更好，顏色也更加好看，是一種相對來說水平要求更高的烹飪技能。

具 體 勾 芡 用 法 ：

A

將少量生粉放入小碗中，加少量水，然後攪拌開。

B

待菜餚快離鍋時，將生粉水淋入鍋中，快速攪拌，否則就會結成一個疙瘩了。

CHAPTER I

快手下飯菜

拍黃瓜

烹飪時間	難度
2分鐘	1

主料　青瓜（黃瓜）1-2 條
輔料　蒜茸適量 ★ 芝麻油少許 ★ 醬油少許 ★ 鹽少許 ★ 香醋少許

烹飪秘笈
愛吃辣的可以加點辣椒油進去，口感更豐富。

拍黃瓜作為快手菜的代表，
省時省力，名符其實。
清涼爽口的拍黃瓜，
是夏天頗受歡迎的開胃菜。

操作步驟

完成！

1 將青瓜洗淨後，放在案板上用刀平拍裂開，再順勢切成小塊。

2 取個小碗，把鹽、蒜茸、香醋、醬油、芝麻油調成汁。

3 將切好的青瓜裝入盆內，加入調味汁。

4 拌勻後即可裝碟。

皮蛋拌豆腐

主料　嫩豆腐 1 塊 ★ 皮蛋 2 隻
輔料　芫荽適量 ★ 小米椒少許 ★ 鹽、白糖、雞粉各 2 克
　　　醬油 1/2 湯匙 ★ 辣椒油 2 茶匙 ★ 芝麻油少許

烹飪秘笈

小米椒和辣椒油的
用量根據個人口味
增減。

鮮嫩清爽的豆腐，搭配皮蛋的特殊鮮美，
讓人入口難忘！當年發明豆腐和皮蛋的人真的是造福蒼生。

操作步驟

完成！

① 將豆腐放入開水中，焯 3 分鐘，取出待涼後切小塊。

② 皮蛋去殼後洗淨，切成小塊，與豆腐盛放在一起，並加入剁碎的小米椒、芫荽。

③ 取一小碗，將剩餘所有調味料放入，調成調味汁。

④ 調味汁澆在豆腐、皮蛋上，食時拌勻即可。

拌木耳

主料　乾黑木耳（或雲耳）適量

輔料　指天椒 3 隻★芫荽 2 棵★蒜頭 4 瓣★醬油 2 茶匙★香醋 1 茶匙
　　　辣椒油 1 茶匙★鹽、白糖、花椒粉各少許★芝麻油少許

烹飪秘笈

泡木耳／雲耳時撒
少許麵粉，有助於
清洗乾淨。

鮮嫩爽脆，清香潤滑。
木耳作為一款常見易得、經濟實惠的黑色食品，
如果能做到可口如這款涼拌木耳，
那便是錦上添花的美事一樁了。

操作步驟

完成！

① 乾木耳用溫水浸泡，軟化後，徹底清洗乾淨。

② 鍋中加清水煮至沸騰後，放入泡發好的木耳焯兩三分鐘，撈出過冷（冰）水後瀝乾。

③ 將木耳撕成小塊，去蒂不用。芫荽洗淨切段；指天椒切小段；蒜頭去皮壓成蒜茸。

④ 將所有主料、輔料放入碗中，攪拌均勻即可。

葱油金針菇

主料　金針菇 200 克

輔料　香葱 3-5 棵 ★ 乾辣椒 1 隻 ★ 蒜末少許 ★ 花椒粒少許 ★ 油適量 ★ 生油 1 茶匙
芝麻油、醋各少許 ★ 鹽、砂糖各少許

烹飪秘笈

金針菇焯水的時間
不宜太長，但是一
定要焯熟；香葱可
根據個人喜好添減。

口感滑嫩，葱香濃郁，
即使涼了也美味不減的好小菜。
適合在炎炎夏日食用，
開胃爽口、促進食慾。

操作步驟

完成！

① 金針菇切掉根
部洗淨；乾辣
椒剪小段；香
葱洗淨，切成
碎末。

② 洗淨的金針菇
放入開水中略
焯一下，過涼
開水後，撈出
瀝乾。

③ 將金針菇、香
葱碎、蒜末放
入容器內，加
入鹽、糖、生
油、醋拌勻。

④ 鍋中放油燒熱後，放
入花椒粒和切碎的
乾辣椒爆香，將辣
油及芝麻油澆在金
針菇上即可。

甜辣藕丁

主料　蓮藕 500 克

輔料　蒜鹽 1/2 茶匙 ★ 蔥薑蒜粉 2 克 ★ 砂糖 2 茶匙 ★ 老陳醋 2 湯匙
　　　泰式甜辣醬 4 茶匙 ★ 油 2 湯匙

操作步驟

① 將蓮藕去皮洗淨，先切成 1 厘米左右寬的片，然後再切成 1 厘米見方的小丁。

② 將藕丁入清水中浸泡備用。

③ 將砂糖、老陳醋和泰式甜辣醬混合製成酸甜調味汁。盡量多攪拌，使糖更多溶解。

④ 將蓮藕瀝乾水分，撒入蔥薑蒜粉攪勻。

⑤ 鍋中放油燒至五成熱，即手掌放在上方有明顯熱力的時候，將蓮藕放入煽炒。

⑥ 加入鹽預先調製基本底味，炒勻大致 30 秒左右。

⑦ 然後加入酸甜汁。

完成！

⑧ 反覆翻炒均勻至藕熟透即可。

烹飪秘笈
愛吃辣的可以加點辣椒油進去，口感更豐富。

可令人聯想到荷塘月色的一道素食料理。
既適合白口吃，又適合拌飯吃，
無論是做夜宵、當早點，還是配晚飯，
都十分適宜。

芝麻拌豇豆

主料　長豆角（豇豆）400 克
輔料　芝麻醬 1 湯匙 ★ 蒜茸適量 ★ 醬油 1 茶匙 ★ 芝麻油 1/2 茶匙 ★ 鹽適量

烹飪秘笈

豆角一定要焯燙熟才能吃，否則容易中毒。

家庭常見的開胃小菜。
豆角軟嫩，色澤翠綠，
鮮香適口，蒜味悠長。其平凡雋永的滋味
陪伴着我們細水長流的日子。

操作步驟

① 長豆角擇好洗淨，切成 4~5 厘米的長段。

② 鍋中水燒開，下豆角焯熟後，過涼開水，撈出瀝乾。

③ 取一小碗，加入所有調料拌勻成調味汁，若芝麻醬太稠，還可加少許涼開水。

完成！

④ 將調好的芝麻醬調味汁淋到豆角上拌勻，裝碟即可。

薑汁菠菜

主料　菠菜 300 克
輔料　薑末 2 茶匙★醋少許★生抽少許★鹽、白糖、雞粉、花椒油、香油各適量

烹飪秘笈
菠菜氽燙時間不可過長，變色斷生後即可撈出過涼水。

顏色碧綠，清淡爽口。
簡單一道小菜，卻帶着家的溫暖。
夢裏遙遠的幸福其實就在你的身邊。

操作步驟

完成！

① 菠菜洗淨後，切 5 厘米左右長的段，開水中略焯後撈出過涼開水。

② 擠乾菠菜的水分，放入小杯子或小碗中。

③ 將葱末、薑末放入碗中，加入芥末醬、鹽、芝麻油、醬油對成調味汁。

④ 將調味汁澆在菠菜上，再撒入少許白芝麻，食用時拌勻即可。

芥末白菜

烹飪時間 10分鐘　難度 1

主料　大白菜 500 克
輔料　芥末粉 50 克 ★ 醋少許 ★ 鹽、白糖各適量

操作步驟

① 大白菜洗淨，切成 4厘米長的白菜段。

② 將切好的白菜段聚攏碼放整齊，形成圓柱形的墩。

③ 白菜段保持齊整，在沸水中焯熟，撈出後瀝乾水，待涼裝碟。

④ 將芥末粉放在小碗中，用少量開水調成糊。

⑤ 蓋上蓋子悶 5~10 分鐘，加入鹽、白糖、醋調勻。

完成！

⑥ 將芥末汁澆在白菜上，上面扣一個碗或蓋子，在室溫下過一夜，翌日即可食用。

營養貼士

夏天一到，身體活力增加了，但是食慾反而會有所下降，這時候正是給菜品中"加點料"的好時機。芥末的強烈氣味能夠刺激唾液和胃液的分泌，增進食慾，消除苦夏的煩惱。同時，夏天細菌容易滋生，正是殺菌解毒的芥末最應登場的時候。

這就是老北京俗稱的"芥末墩"，

是一道傳統小菜，能喚起不少人的童年回憶。

這回憶裏有鑽鼻子的衝勁兒，

還有爽辣利口的痛快，不信您就嚐嚐！

手撕茄子

主料　長茄子 2 個
輔料　蒜頭 4 瓣 ★ 薑少許 ★ 辣椒油 1 茶匙 ★ 白糖、鹽各 2 克
　　　花椒粉 1 克 ★ 醋 1 茶匙 ★ 醬油 1 茶匙

操作步驟

① 茄子洗淨後，整條放入鍋內蒸熟。

② 蒜、薑剁成碎末備用。

③ 把蒸好的茄子待涼後撕成條。

④ 然後在茄條上加入薑末、蒜末。

⑤ 另取一個小碗，放入剩餘所有的調料做成調味汁。

完成！

⑥ 將調味汁倒在茄子上拌勻即可。

營養貼士

蒸製的烹飪方式，很好地保留了茄子中的維他命。這道菜還有一個功臣就是蒜頭。研究表明，蒜頭中的大蒜素能夠殺死痢疾桿菌、流感病毒等致病因子，同時還能促進新城代謝，對於很多都市現代病都有很好的預防作用。

烹飪秘笈
蒸茄子的時間根據
茄子大小掌握。

平淡無奇的食材，簡單樸素的烹製方法，
卻會幻化出令人嘖嘖稱奇的好滋味。
這道小菜蒜香撲鼻、鮮嫩爽口，適合配粥食用。

滷蛋

烹飪時間 30分鐘　　難度 1

主料　雞蛋 6 隻
輔料　老抽 1 湯匙 ★ 鹽 2 茶匙 ★ 白糖 1 茶匙 ★ 乾紅辣椒 3 隻
　　　八角 3 顆 ★ 桂皮 1 小塊 ★ 香葉 2 片

烹飪秘笈
讓雞蛋在湯裏多泡一會，更入味。把雞蛋泡在燉肉湯裏，也很好吃。

細膩潤滑，鹹淡適口，
讓人很開心的一道菜。
可以搭配米飯、下酒、送粥；或當夜宵都可以。

完成！

操作步驟

① 雞蛋洗淨，放入鍋中煮熟。

② 把雞蛋撈出過涼水，剝去外殼。

③ 剝好的雞蛋放入鍋裏，倒入水，放入乾紅辣椒、八角、桂皮和香葉，放入適量老抽，鹽和白糖。

④ 大火燒開後轉中小火煮 15 分鐘，然後關火繼續燜着，吃的時候拿出來既可。

肉碎蒸水蛋

主料　雞蛋 2 隻 ✴ 絞豬肉 50 克
輔料　醬油 2 茶匙 ✴ 芝麻油少許 ✴ 葱末適量 ✴ 鹽少許

烹飪秘笈

用中小火蒸，否則蒸蛋易變形；加蓋可防水汽進入影響外觀。

肉鮮蛋嫩，香滑可口。
每個媽媽都該學會做的一道菜，
因為它將伴隨着寶寶的成長，
將來無論何時何地，都會留存在他/她對童年的美好記憶裏。

操作步驟

完成！

① 絞豬肉中加鹽和部分醬油拌勻後醃製一會兒。

② 雞蛋打入小碗中，加少量水調勻，倒入肉餡。

③ 蒸鍋水燒開，雞蛋液碗口蓋上，放蒸鍋內小火蒸 10 分鐘左右關火。

④ 打開碗口的蓋子，將葱末、芝麻油及剩餘的醬油淋在蒸好的蛋上即可食用。

老醋花生

烹飪時間 **20分鐘**　難度 **1**

主料　花生米 100 克
輔料　油少許★醬油 1 湯匙★陳醋 1 湯匙★白糖 1 茶匙
　　　鹽少許★芫荽 2 棵

烹飪秘笈
炸好的花生米趁熱淋少許白酒，是為了保證其脆感。

一碟老醋花生，一杯自家釀的米酒。
晚來天欲雪，能飲一杯無？
這樣的日子，最家常，
也最有滋味兒。

完成！

操作步驟

1 鍋內放少許油，加入花生米，用小火炒熟後關火。

2 趁熱在花生米上淋少許白酒，盛出待涼。

3 乾淨的鍋內加入陳醋、醬油、白糖、鹽，煮開後關火調勻。

4 調味汁待涼後倒在花生米上，加芫荽點綴即成。

葱油花蛤

主料　花蛤 500 克
輔料　薑塊 15 克 ★ 葱絲 25 克 ★ 白酒 3 湯匙 ★ 蒸魚豉油 2 湯匙
　　　鹽、芝麻油各適量 ★ 油 2 湯匙

烹飪秘笈
蛤蜊可加入適量鹽、芝麻油促進其吐沙,大約半天就可以吐乾淨。

下班的路上買一斤花蛤,
回家不到 30 分鐘就能吃上晚餐了,
十分方便快捷的河鮮料理。

完成!

操作步驟

1. 將花蛤刷洗乾淨,然後放入加有鹽和芝麻油的清水中吐沙。薑塊拍鬆備用。

2. 鍋中放入薑塊,加水燒至滾沸,將花蛤和白酒放入,汆燙至開口後,撈出瀝乾水分,放入碟中。

3. 在花蛤上撒上葱絲和蒸魚豉油。

4. 鍋中將油燒至八成熱,也就是能看到明顯油煙的時候,將鍋離火,將熱油澆在葱絲上即可。

蒜茸粉絲蒸扇貝

主料　扇貝 4 隻
輔料　粉絲 20 克 ＊ 蒜末 40 克 ＊ 蠔油 1 湯匙 ＊ 醬油 1 湯匙 ＊ 香蔥粒適量 ＊ 油 3 湯匙

操作步驟

① 將扇貝去掉砂囊後，洗淨備用。粉絲泡發。蒸鍋中放入清水燒開。

② 將蠔油、醬油加少許清水調勻，製成調味汁。

③ 鍋中放油燒至五成熱，將蒜末爆香。

④ 然後加入調味汁小火略炒，盛出。

⑤ 將泡好的粉絲圍在扇貝一側擺好。

完成！

⑥ 炒好的調味汁均勻地澆在扇貝上，上鍋大火蒸 5 分鐘左右，離鍋撒上香蔥粒即可。

營養貼士

扇貝雖然貌不驚人，但營養價值卻非常高。它既能健脾胃、潤腸道，還能明目補腦、護膚美顏。同時，常食貝類產品還能很好地降低人體膽固醇含量，使你更加輕盈有活力。

烹飪秘笈

先將蒜末爆香,並加調料
炒製之後的調味汁,才能
更加發揮蒜香調味汁的威
力,比直接澆在扇貝上的
味道要好很多。

新鮮的大扇貝肉,搭配軟滑的粉絲,
用蒜香包裹,還沒吃就口水狂流了。

清蒸鱸魚

烹飪時間 10分鐘

難度 1

主料　鱸魚 1 條
輔料　葱絲 30 克 ★ 薑絲 15 克 ★ 花椒粒 8 克 ★ 葱段兩三段
　　　蒸魚豉油 4 茶匙 ★ 油 2 湯匙

操作步驟

① 買一條鮮鱸魚，請漁販宰殺乾淨，回家將鱸魚清洗乾淨。

② 在鱸魚的身上，斜刀切三四刀花刀，差不多每隔 2~3 厘米切一刀。

③ 將薑絲和一半葱絲塞入刀口，並將剩下的葱絲和薑絲撒在魚身上。

④ 蒸鍋中燒開水，同時在碟底將葱段按照相等間隔擺放好。

完成！

⑤ 將魚架在葱段上，放入蒸鍋中，大火蒸製 7 分鐘後，將魚取出，揀去葱絲、薑絲，倒出汁水。

⑥ 在魚身上鋪上剩下的葱絲，均勻地淋上蒸魚豉油，離鍋後再淋可避免蒸魚豉油在蒸製時破壞魚肉本身的鮮味。

⑦ 鍋中放油燒至八成熱，將花椒粒放入炸至變色出香味，將花椒粒棄去。

⑧ 將熱花椒油淋在魚身的葱絲、薑絲上即可。

營養貼士

鱸魚不僅肉質細嫩，鮮香可口，同時還含有大量的維他命、礦物質，也是非常上乘的蛋白質攝取物。有滋補肝腎、益養脾胃、止咳化痰等食療效果，是適合多數人食用的美味。

鮮嫩可口，又是一道新手必須要學的好菜，
只要買一瓶上好的蒸魚豉油和一條鮮魚，
片刻您就可以成為高手了。

烹飪秘笈
吃鱸魚注重鮮嫩，一定
要選鮮活的；注意，蒸
魚 7 分鐘這個時間還是
比較嚴苛的，時間稍長
一些，魚肉就老了。

剁椒魚頭

主料　胖頭魚或鱅魚魚頭 1 個★剁椒 30 克
輔料　葱末、薑末各 20 克★葱段、薑片各適量★蒜末 15 克★鹽 1/2 茶匙
　　　料酒 2 湯匙★白胡椒粉 2 克★油 2 湯匙

操作步驟

①
魚頭去鰓後沖淋乾淨。做剁椒魚頭一定要用這種魚的魚頭，大、肉厚肥美。

②
將鹽、白胡椒粉、10克薑末抹在魚頭內外，抹勻。

③
在魚頭上均勻地淋上料酒，用以去腥。

④
蒸鍋中加水煮沸，取適量葱段和薑片，墊放在碟子底部。

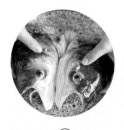

完成！

⑤
將魚頭架在上面。這樣能夠進一步為魚頭去腥，並且可以將魚頭架空，更利於蒸汽的循環。

⑥
大火將魚頭先蒸製3分鐘左右，由於之前抹了鹽，魚頭中會析出一些水分，將其潷出。

⑦
將魚頭上均勻地抹上剁椒，再撒上葱末、蒜末、剩餘的薑末，大火蒸製7分鐘後取出。

⑧
鍋中將油燒至八成熱，即能看到明顯油煙的時候，將熱油澆在魚頭上，進一步讓葱薑蒜和剁椒的香氣散出即可。

營養貼士

胖頭魚是低脂肪高蛋白魚類，對人體心血管有一定保護作用。其腦髓含量比一般魚類高，有更多的磷脂和腦垂體後葉素，常食能夠益智醒腦、提高人的記憶力。

火辣辣的剁椒，覆蓋着白嫩嫩的魚頭，冒着熱騰騰的香氣。
湘菜香辣的誘惑，在剁椒魚頭上得到了完美的體現。
菜品色澤紅亮，肉質細嫩，鮮辣嫩滑。

清燉獅子頭

烹飪時間 120分鐘　難度 3

主料　豬肉 500 克（肥瘦相間，肥三瘦七最好）　冬筍 50 克　雞蛋 1 隻　藕 40 克
輔料　生粉水適量　葱段、薑塊各 20 克　花雕酒 2 湯匙
　　　菜心 2 棵（放入清水中浸泡後洗淨）　高湯適量　鹽 1 茶匙　油 1 湯匙

操作步驟

① 先將豬肉切成片，進而切成條，最後切成碎粒。自己切的肉餡絕對比絞肉機製出的要好吃數倍。

② 冬筍和蓮藕分別洗淨切成碎粒。如果喜歡的話，還可以切點香菇碎粒。

③ 將葱段、薑塊用刀拍鬆，放在小碗中搗碎擠出汁，混少許清水製成葱薑水。另將雞蛋打散備用。

④ 碗中放入剁好的肉餡、葱薑水、冬筍粒、蓮藕粒、雞蛋液，加入鹽、花雕酒攪拌均勻。

完成！

⑤ 在肉餡中分數次加入生粉水，順着一個方向攪打肉餡，直至肉餡起膠上勁。

⑥ 將肉餡製成 100~150 克大小一個的肉團，在手上塗少許油，雙手反復輕輕團捏。

⑦ 鍋內將水燒沸。取燉盅，將燉盅內放入適量高湯。

⑧ 將肉團和青菜一起放入燉盅，隔水燉製熟透即可。

營養貼士

一個獅子頭就可以下一碗飯，既有肉的香，又有筍的鮮，不僅營養豐富，還滿足了口腹之慾。獅子頭裏面的冬筍，不僅讓口感更鮮美，也讓熱量減少了不少。更何況燉的過程中可以逼出很多油脂，多吃一兩個也無妨。

軟糯滑膩，清香味醇。
能獨自享受一個大大的獅子頭真的是太幸福了，
打死也不願意和別人分享啊。

CHAPTER II

甘脆下飯菜

虎皮青椒

主料　青椒 5 個

輔料　醬油 2 湯匙 ★ 砂糖 1 湯匙 ★ 雞粉 1/2 茶匙
　　　蒜末 10 克 ★ 豆豉 5 克 ★ 香醋 1 湯匙 ★ 油適量

烹飪秘笈

香醋不能提前太長時間放入，否則香氣會揮發。筆直的青椒較易煎得均勻。

把青椒煎到出現虎皮，就會釋放青椒中的美味元素，
讓平素一般都是當配料的青椒變成了美味的主角！

操作步驟

① 將青椒洗淨後，切去蒂，將裏面的子挖去備用。

② 將豆豉剁細，以便更大程度地釋放其香味。

③ 將醬油、砂糖、雞粉放在一起攪拌均勻，如果糖和雞粉不能完全溶解，可以加少許溫水。

④ 平底鍋放油鋪滿整個鍋底，燒至八成熱，放入青椒，中小火單面煎至青椒逐漸變軟。

⑤ 將青椒翻面，看是否煎出金黃色的虎皮來。可以用鏟子壓一下促成虎皮。

⑥ 青椒煎好後盛出。鍋中留少許油，煸香蒜末和豆豉。

⑦ 放入青椒、倒入調味汁燒製 1~2 分鐘，期間將青椒翻面一兩次。

完成！

⑧ 看到青椒已經均勻上色了，再烹入香醋即可。

糊塌子

主料　翠玉瓜（西葫蘆）1 個 ★ 雞蛋 3 隻 ★ 麵粉 150 克
輔料　葱花 15 克 ★ 雞粉 1/2 茶匙 ★ 鹽適量 ★ 油適量

烹飪秘笈
製作麵糊時，可以根據翠玉瓜的出水量選擇是否添加清水。

口感軟嫩，香濃好吃，
兼顧營養與美味，兼顧主食與蔬菜，
好吃又好做，廚藝零基礎也可以做出來。

操作步驟

完成！

① 翠玉瓜洗淨、刨絲，加入適量鹽拌勻，放置一會兒，這樣能夠讓翠玉瓜釋出水分。

② 雞蛋打散成蛋液備用。

③ 待翠玉瓜出湯後，將蛋液、葱花、麵粉、雞粉放入裝翠玉瓜的容器中拌勻，調成糊狀。

④ 平底鍋燒熱油至六成熱，盛入適量麵糊攤成餅，煎至兩面金黃即可。

煎薯餅（土豆餅）

主料　薯仔 2 個 ✳ 胡蘿蔔 1 個 ✳ 麵粉 150 克
輔料　鹽 1/2 茶匙 ✳ 雞粉 1/2 茶匙 ✳ 白胡椒粉 1/2 茶匙 ✳ 香葱粒適量

烹飪秘笈
餅裏面還可以放入洋葱，更香濃。

入口細糯，香濃可口。
這薯仔可真是逆來順受的好脾氣，
任你煎炒烹炸十八般武藝耍遍，
人家就兩字："好吃"！

完成！

操 作 步 驟

① 薯仔擦成細絲，漂水洗淨瀝乾。胡蘿蔔洗淨切細絲。

② 麵粉製成糊狀，加入胡蘿蔔細絲、薯仔細絲。

③ 加鹽、雞粉、白胡椒粉、香葱粒攪拌均勻。

④ 平底鍋燒熱，倒入少許油，舀入麵糊，攤成餅，煎熟即可。

乾煸豆角

主料　四季豆 400 克 ★ 豬肉末 40 克（或者牛肉末也可以）
輔料　乾紅辣椒 8 根 ★ 葱末、薑末各 8 克 ★ 蒜末 15 克 ★ 醬油 4 茶匙
　　　雞粉 2 克 ★ 料酒 2 茶匙 ★ 油 500 毫升（實耗約 40 毫升）

烹飪秘笈

選四季豆的時候選嫩的，否則炸製後水分流失，太老的四季豆沒法下嚥。

即便是挑剔怕發胖的女生，
遇見這道菜也忍不住會盛一小碗飯多吃幾口。
那麼男生呢？肯定就是大口大口地吃得湯汁都不剩了。

操作步驟

① 將四季豆擇洗乾淨，去掉兩側的絲和兩端，切或者掰成 7 厘米左右的長段備用。

② 將乾紅辣椒剪碎成 1 厘米長的小段；豬肉末用料酒和 1 茶匙醬油攪勻，醃製入味。

③ 鍋中放油燒至七成熱，將四季豆放入，炸至表面出褶皺，水分略揮發後，撈出瀝油備用。

④ 鍋中留底油，保持油溫，爆香葱末、薑末、蒜末後，放入乾紅辣椒段炒香。

⑤ 然後放入豬肉末，大火煸炒至變色熟透。

完成！

⑥ 最後放入四季豆，淋入醬油炒勻，最後撒雞粉翻勻離鍋即可。

蝦仁煎蛋

烹飪時間 10分鐘　難度 1

主料　蝦仁 150 克 ★ 雞蛋 3 隻
輔料　蠔油或鮑魚汁 2 茶匙 ★ 白胡椒粉 1/2 茶匙 ★ 白酒 2 茶匙 ★ 油 4 湯匙

操作步驟

① 如果買來的是鮮蝦，去掉蝦殼後，再去蝦腸洗淨，如果是凍蝦仁，只需要化凍後去蝦腸洗淨。

② 用蠔油或鮑魚汁、白胡椒粉、白酒將蝦仁抓拌均勻，醃製 15 分鐘左右入味。

③ 將雞蛋打散成蛋液。注意由於蝦仁經過了醃製，已有鹹味，所以雞蛋當中就不必再加鹽了。

④ 鍋中放入 1 湯匙油燒至七成熱，將蝦仁放入，大火爆炒至八成熟，盛出備用。

完成！

⑤ 鍋中重新放油燒至八成熱，將蛋液放入。

⑥ 在雞蛋中部的蛋液還沒有完全凝固的時候，將蝦仁放入。

⑦ 將四周的雞蛋向中間翻折，再將整張雞蛋翻轉，用筷子插一下，裏面熟透了即可離鍋。

營養貼士

蝦仁具有健脾胃、補腎陽的功效，在食用方面比活蝦更方便。蝦仁和雞蛋都含有鎂，而且雞蛋中更含有較多的蛋氨酸、卵磷脂以及磷、鐵等，與蝦仁搭配食用會加倍有營養。

烹飪秘笈

注意炒雞蛋的油溫要適度高一些，同時，油也可以適度多放一些，才利於雞蛋蓬鬆。蝦仁可以是冰凍的青蝦仁，也可以是鮮蝦剝的，後者味道更佳。

蝦仁搭配雞蛋可謂鮮上加鮮，
看似平凡的兩種食材碰撞出無與倫比的香濃，
吃一口，心都跟着化了。

乾煎小黃魚

主料　小黃魚 500 克
輔料　鹽 1/2 茶匙 ★ 雞粉 2 克 ★ 花椒粉 1/2 茶匙 ★ 料酒 1 湯匙
　　　葱段、薑塊各 20 克 ★ 麵粉適量 ★ 油適量

操 作 步 驟

① 我們一般只能買到急凍的小黃魚。要把小黃魚解凍，去掉內臟後沖洗乾淨。

② 葱段、薑塊拍鬆，放在碗中，加少許清水加以擠壓攪打，擠出大致 1 湯匙的葱薑水。

③ 將小黃魚用鹽、雞粉、花椒粉、料酒、葱薑水攪勻，醃 1 小時以上去腥入味。

④ 準備一碟麵粉，放在鍋邊，將小黃魚逐條兩面裹上薄薄一層麵粉。

⑤ 鍋中放油燒至七成熱，將裹了麵粉的小黃魚下鍋煎製。

完成！
⑥ 等到底面金黃的時候，將其翻面，反覆煎至魚肉熟透即可。

營 養 貼 士

小黃魚雖小卻有豐富的營養價值，是滋補肝腎、明目養血的好食材。同時，小黃魚對於腰酸腿軟、眼睛乾澀等都有一定的食療效果。

烹飪秘笈

如果想要外表更加焦脆，可以先用五成熱的油溫將魚炸熟，盛出瀝油，然後提升油溫至八九成熱，再將魚放入炸製十幾秒，看到顏色變深即可撈出。

煎好的小黃魚外酥裏嫩、乾香味美，
放在碟子裏，簡直就是致命的誘惑。
讓你忍不住一咬一大口，兩三口就把一條吃光了。

紅燒帶魚

烹飪時間 30分鐘　難度 1

主料　帶魚 500 克
輔料　鹽 2 克 ★ 料酒 2 湯匙 ★ 蒜頭 5 瓣 ★ 葱段、薑片各 15 克 ★ 紅燒醬油 2 湯匙
　　　八角 1 顆 ★ 麵粉適量 ★ 油 500 毫升（實耗約 30 毫升）

烹飪秘笈

在魚肉上裹一層蛋液，再拍上一層薄薄的麵粉。

肉厚油潤、色美味鮮，
很難會有人質疑紅燒帶魚的下飯菜地位。
從小到大，吃一輩子也不會厭倦的好菜。

操作步驟

① 將帶魚洗淨後，切成 6 厘米左右的長段。

② 加入鹽、料酒，攪拌均勻，靜置 20 分鐘去腥，備用。

③ 在醃製魚肉的同時，將蒜頭拍鬆後去皮，切成蒜末。蒜頭皮用先拍再剝的方式最容易了。

④ 鍋中放油燒至五成熱，將帶魚兩面蘸上麵粉，下鍋炸至兩面金黃後，撈出瀝油。

完成！

⑤ 鍋中留少許油，保持油溫，爆香葱段、薑片和蒜末。放入帶魚，大火炒香。

⑥ 加入清水、紅燒醬油、八角，大火煮開。直至湯汁收乾即可。

糖醋帶魚

主料　帶魚 500 克
輔料　雞蛋 1 隻（取蛋白）　生抽、米醋、老抽各 2 茶匙　料酒、白糖各 3 茶匙
　　　鹽、蔥段、薑片、油、水、蒜片各適量　芫荽 2 根　麵粉少許

烹飪秘笈
帶魚鱗不洗乾淨，會留下少許腥味。

如果帶到學校或單位做午飯，
你和你的便當受追捧的程度絕對會嚇你一跳！

操作步驟

① 帶魚收拾乾淨肚腸，刮去鱗，剪去頭尾後洗淨，切成約 6 厘米長的段。

② 帶魚放入碗中，加部分鹽和部分料酒醃 10~15 分鐘。

③ 取一隻小碗，在碗中放入生抽、老抽、白糖、米醋、剩餘料酒和剩餘鹽，調成糖醋汁。

④ 鍋中放油燒至五成熱，將醃好的帶魚裹上蛋白和麵粉，下鍋煎至兩面金黃後，撈出瀝油。

⑤ 鍋內留少許底油，加入蔥段，薑片、蒜片炒出香味。放入煎好的帶魚，繼續翻炒。

⑥ 將調好的糖醋汁攪拌均勻後倒入鍋內，輕推幾下。加適量清水沒過帶魚，大火煮開後小火再燉 10 分鐘，再轉大火收汁，裝碟後加芫荽點綴即可。

完成！

紅燒豬手

烹飪時間 60 分鐘　難度 3

主料　豬手（豬蹄）1 隻（切塊）★ 白蘿蔔 200 克
輔料　薑片 20 克 ★ 草果 1 個 ★ 八角 1 顆 ★ 葱段 20 克 ★ 冰糖 20 克 ★ 醬油 2 湯匙
　　　鹽 1/2 茶匙 ★ 老抽 2 茶匙 ★ 五香粉 1/2 茶匙 ★ 料酒 2 湯匙 ★ 油 3 湯匙

操作步驟

① 將豬手洗淨放入清水中，加薑片、葱段及 1 湯匙料酒，大火煮開，撇去浮沫。同時備一鍋冷水。

② 將豬手煮製色澤變白之後，撈出浸入冷水中緊一下。用鑷子將豬手上沒有處理乾淨的毛夾掉。

③ 白蘿蔔去皮洗淨，切成滾刀塊備用。

④ 鍋中放油燒至三成熱，將冰糖放入，用中小火慢慢將其熬製成棕黃色的糖汁。

⑤ 將豬手放入，中火煸炒，使豬手能夠盡量均勻地裹勻糖汁。

⑥ 倒入醬油、老抽、五香粉、剩下的料酒，再加入白蘿蔔翻炒均勻。

⑦ 加入清水，浸過豬手，然後放入草果、八角、葱段，大火煮開。

完成！

⑧ 最後轉小火收濃湯汁即可。

營養貼士

豬手中含有豐富的膠原蛋白，它能有效改善皮膚組織細胞的儲水功能，保持皮膚滋潤狀態，緩解皺紋，增強肌膚彈性。而白蘿蔔和豬手也是非常好的營養搭配，此外，也可以加入黃豆，使營養更全面。

烹飪秘笈

熬製糖汁需要耐心和細心，糖會慢慢溶解（為了加速溶解，可將冰糖敲碎），變成棕色糖汁後要立刻進行下面的步驟，火候稍稍過少許，就會糊鍋。

香滑可口、肥而不膩，令人唇齒留香，
百食不厭，真是滿足胃口、撫慰靈魂的美味佳餚！
老饕的心頭好。

紅燒排骨

主料　豬肋排 750 克（商販代勞切小塊）

輔料　蠔油 1 湯匙 ＊ 紅燒醬油 35 毫升 ＊ 紹酒 2 湯匙 ＊ 薑片 15 克 ＊ 油 3 湯匙

操作步驟

①

將肋排用清水沖洗乾淨。

②

將肋排用蠔油、1 湯匙紹酒攪拌均勻，醃約 1 小時。

③

鍋中放油燒至五成熱，將薑片放入煸炒 15 秒左右，讓薑的香氣先飄出。

④

然後放入排骨反復煸炒。

⑤

勤加翻炒至排骨完全變色，大致需要 2 分鐘，此時薑的香氣已經基本中和了排骨中的腥氣。

⑥

倒入與排骨的用量基本相同的清水（最好是開水）。

⑦

加入紅燒醬油、剩餘的紹酒攪拌均勻，大火燒開後轉中小火燉燒。

完成！

⑧

最終直至湯汁收乾即可。

營養貼士

比起沒有骨頭的豬肉，排骨中的鈣含量毫無懸念地提升了許多，無論是燉湯還是做菜，排骨都能提供豐富的鈣質。如果使用的是腔骨，更不要放過部分大塊骨頭中的骨髓哦！

烹飪秘笈

在剛開始炒製薑片的同時，燒上一壺水備用，燒排骨的時候放開水，成菜口感更佳；注意排骨在初期有點易黏鍋，需要充分翻炒，此外薑的放入對防止黏鍋也有幫助。

把一大塊紅燒排骨夾到米飯上，
那紅白相間的誘人顏色，那入口流汁的鮮嫩口感，
這就是赤裸裸的誘惑吧。

金針菇肥牛卷

烹飪時間	難度
15分鐘	5

主料　金針菇 100 克 ＊ 肥牛片 100 克
輔料　蠔油 3 湯匙 ＊ 醬油 2 湯匙 ＊ 白糖 1 茶匙 ＊ 黑胡椒粉 2 克 ＊ 橄欖油適量

烹飪秘笈

調味汁可分次加入，慢慢讓其滲透食材。煎燒的時候，要勤加翻動。

工夫有點複雜，
其實很適合初學者的一道料理，
哪怕做得不好，但只要熟了都好吃的一道菜。

操作步驟

① 將金針菇去根，拆散洗淨；肥牛片直接購買涮火鍋用的肥牛肉即可。

② 將肥牛肉鋪平，中間放上適量金針菇。

③ 將肥牛片捲起，製成金針肥牛卷。

④ 將蠔油、醬油、白糖、黑胡椒粉加入少許清水，充分攪拌均勻，注意白糖要完全溶解。

⑤ 平底鍋中放入適量橄欖油，油量大約鋪滿整個鍋底就可以，燒至四成熱時放入金針肥牛捲。

⑥ 將一面煎至變色後，翻面煎至食材熟透，分次淋入調味汁，中小火繼續煎燒至食材微焦且入味即可。

完成！

油爆蝦

主料　小河蝦 300 克
輔料　香葱粒 10 克 ★ 醬油 2 湯匙 ★ 砂糖 1 湯匙 ★ 香醋 1 茶匙 ★ 油 500 毫升（實耗約 50 毫升）

烹飪秘笈

醋要最後放，否則受熱後香氣過早揮發，起不到提香的作用。

江南菜的特點，
就是對小蝦也會花心思烹製，
這道菜鮮香酥脆，不輸大菜。

操作步驟

① 將小河蝦用清水沖洗乾淨，撈出瀝水備用。

② 將醬油、砂糖加少許溫水調勻，至砂糖全部溶解。

③ 鍋中放油燒至七成熱，將小河蝦放入，炸至蝦身金黃焦脆後，撈出瀝油。

④ 鍋中留下少許油，烹入調味汁，中火熬至醬汁濃稠。

⑤ 迅速倒入小河蝦，快速翻勻。

完成！

⑥ 臨離鍋時沿鍋邊淋入一圈香醋提香，撒香葱粒即可。

椒鹽蝦

烹飪時間
40分鐘

難度
1

主料　青蝦 10 隻
輔料　椒鹽 2 茶匙 ✷ 白胡椒粉 1 克 ✷ 料酒 2 茶匙 ✷ 生粉適量 ✷ 花椒 10 粒
　　　蒜頭 3 瓣 ✷ 香葱粒 10 克 ✷ 油 500 毫升（實耗約 50 毫升）

操作步驟

① 將青蝦去蝦槍，背部剪開，去蝦腸，洗淨。花椒碾碎備用。蒜頭去皮，切碎備用。

② 將青蝦用椒鹽、料酒、白胡椒粉攪拌均勻，醃製 30 分鐘左右使其入味。

③ 鍋中放油燒至六成熱，將青蝦裹上薄薄一層生粉，以中小火炸至金黃色後撈出瀝油。

④ 鍋中留下少許油，保持油溫，將蒜碎和花椒碎放入炒香。

⑤ 放入炸好的蝦翻幾下，讓噴香的花椒蒜碎裹勻蝦身。

完成！

⑥ 最後撒香葱粒離鍋即可。

營養貼士

蝦肉含有豐富的蝦青素，能夠提高人體的免疫力；還含有大量的鎂元素，能夠減少人體的膽固醇含量，保護心血管系統，減少心梗等疾病的發病率。

烹飪秘笈

自己製作花椒鹽的好處就
是，不僅花椒的椒香味
更濃，同時鹹度也可以自
己調節。外面買來的椒
鹽，花椒和鹽的比例是固
定的，若是不適合自己的
口味，會很麻煩。

蝦肉已經很鮮美了，
而且厚實的肉質讓你滿足感爆棚！
而連平時想都不想就捨棄的蝦殼，
這次竟然也很香脆美味。

香酥炸雞排

主料　雞胸肉 200 克

輔料　雞蛋 1 隻 ★ 麵包屑適量 ★ 蠔油 2 湯匙 ★ 醬油 1 茶匙 ★ 白胡椒粉 2 克
料酒 1 湯匙 ★ 花椒粉 1 克 ★ 葱段、薑塊各 15 克 ★ 辣醬油適量 ★ 生粉適量
油 500 毫升（實耗約 50 毫升）

操作步驟

① 將雞胸肉片成大約 5 毫米厚的厚片。

② 雞排用刀背錘鬆，這樣更利於入味。

③ 葱段、薑塊拍鬆後，加入少量清水浸泡一會兒，製成葱薑水。

④ 將雞肉用醬油、蠔油、白胡椒粉、料酒、花椒粉、葱薑水抓勻，醃製 30 分鐘以上入味。

完成！

⑤ 雞蛋打散成蛋液，將麵包屑放在平碟中備用。

⑥ 鍋中放油燒至五成熱，將雞排裹上蛋液，再兩面沾上生粉。

⑦ 再次蘸蛋液，然後再裹上麵包糠，這樣雞排就不易脫漿了，下鍋炸至金黃定型後撈出瀝油。

⑧ 將油溫提升至七八成熱，將雞排再次放入炸製 20 秒左右，撈出瀝油，蘸辣醬油食用即可。

營養貼士

雞肉的肉質細嫩、滋味鮮美，適合多種烹調方法。雞肉的蛋白質含量高，且消化率高，容易被人體吸收利用。對營養不良、畏寒怕冷、貧血、虛弱等有很好的食療效果。

誰説肯德基才是炸雞專家？
嚐嚐這道香酥炸雞排，
雞皮酥脆，雞肉鮮香，外酥裏嫩，香而不膩。
這才是炸雞中的"戰鬥機"！

烹飪秘笈

還有另一種更省事的做法，就是用超市買來現成的炸雞粉料，攪成糊狀後裹勻雞肉醃製幾小時就可以下鍋炸了。

辣子雞

烹飪時間 50分鐘　難度 3

主料　雞腿肉 500 克
輔料　乾紅辣椒 40 克 ★ 麻椒 20 克 ★ 薑末 10 克 ★ 蔥絲 20 克 ★ 鹽 1 茶匙
　　　花椒粉 1 克 ★ 白糖 1/2 茶匙 ★ 紹興花雕 4 茶匙 ★ 油 500 毫升（實耗約 40 毫升）

操 作 步 驟

① 將雞腿切成 2 厘米見方的塊；乾紅辣椒用剪刀剪成 2~3 厘米的段，和辣椒子放在一起備用。

② 將雞腿肉用鹽、雞粉、花椒粉、花雕抓拌均勻，靜置 40 分鐘全入味充分。

③ 鍋中放油燒至七成熱，即能看到少許油煙的時候，將雞腿肉放入，中火炸製。

④ 直至雞肉表皮焦黃，雞皮有酥脆感的時候，將雞肉撈出瀝油備用。

完成！

⑤ 鍋中留少許油，保持油溫，將乾紅辣椒（連同子一起）、薑末、蔥絲、麻椒一起放入，爆出麻辣香氣。

⑥ 將雞肉放入翻炒均勻。

⑦ 撒入白糖，大火翻炒均勻即可。

營 養 貼 士

還是那句話，油炸食品不要多吃。但是嘴巴實在饞了也得偶爾滿足一下對不對？否則壓抑久了，暴飲暴食反而對健康不利。在吃這道菜的時候多搭配一些蔬果就可以了。

這是一道色香味俱全的重慶名肴。
成菜色澤艷麗，酥香爽脆，麻辣鮮香，
用多少形容詞都不過分，因為真的是太香啦。

烹飪秘笈

放入白糖是為了中
和一些辣味，
可以根據自己的口
味增減。

鹽酥雞

烹飪時間
60分鐘

難度
3

主料　雞腿肉 300 克
輔料　雞蛋 1 隻 ✲ 鮮九層塔 50 克 ✲ 生粉適量 ✲ 鹽 1/2 茶匙 ✲ 蒜頭粉 2 克
　　　蠔油 4 茶匙 ✲ 米酒 1 湯匙 ✲ 白胡椒粉 1 茶匙 ✲ 五香粉、肉桂粉各 1 克
　　　咖喱粉 2 克 ✲ 花椒粉 1 克 ✲ 油 500 毫升（實耗約 30 毫升）

操作步驟

① 將雞腿肉切成 2 厘米見方的小塊。

② 鮮九層塔洗淨，雞蛋打散。

③ 將雞腿肉用蠔油、米酒、蒜頭粉、2 克鹽、3 克白胡椒粉及蛋液攪拌均勻，醃製 40 分鐘左右入味。

④ 鍋中放油燒至七成熱，即能看到輕微油煙的時候，將雞腿肉裹上一層生粉。

完成！

⑤ 轉中小火，讓油溫趨於恆定，然後將裹了生粉的雞腿肉放入炸製。

⑥ 炸製大約 1 分鐘後，看到雞肉表面金黃焦脆了，盛出瀝油，裝碟。

⑦ 將九層塔也放入同樣油溫的油中炸製，炸至焦脆後撈出瀝油。

⑧ 將剩下的所有調料放入淨鍋中焙香，製成蘸料，搭配鹽酥雞食用即可。

營養貼士

雖然不推薦經常吃油炸食品，但偶爾吃一下也無可厚非。無論如何，自己在家做料理，就圖一個乾淨、衛生、隨心所欲。只要油新鮮，雞肉新鮮，就無妨享受一下吧。

烹飪秘笈

最後的蘸料也可以直接混合後蘸食，但是放入平底鍋中焙香的蘸料會香氣更足。

鹽酥雞是風靡寶島、席捲大陸的美味休閒食品，
雞塊鹹香酥脆、小巧美味，
一不小心就會吃光一大碟！

椒鹽排條

烹飪時間 30分鐘　難度 1

主料　豬脊肉 300 克
輔料　雞蛋 1 隻 ✱ 麵粉、麵包糠各適量 ✱ 鹽、雞粉各 1/2 茶匙 ✱ 白胡椒粉 2 克
　　　葱薑蒜粉 2 克 ✱ 花椒鹽適量 ✱ 芫荽 2 根 ✱ 油 500 毫升（實耗約 50 毫升）

操作步驟

① 將豬肉切成 1 厘米粗，4~5 厘米長的粗條。

② 在豬肉中撒入鹽、雞粉、白胡椒粉和葱薑蒜粉進行醃製。

③ 芫荽洗淨切碎。雞蛋打散成蛋液，與麵粉混合，加入適量水製成麵糊。

④ 鍋中放油燒至五成熱，將醃好的豬肉裹上薄薄一層麵糊，再裹上一層麵包糠。

完成！

⑤ 將豬肉放入鍋中炸至定型，撈出備用。

⑥ 將油燒至八成熱，將炸好的排條再次放入，炸至表面金黃焦脆後盛出瀝油。

⑦ 均勻地撒入花椒鹽，或者將花椒鹽做成蘸碟，放在一旁。

⑧ 均勻地撒入芫荽碎即可。

營養貼士

排骨上的脂肪含量比較少，但是經過油炸之後，油脂含量會增加。吃這道菜，建議搭配一道小涼菜，可以是富含膳食纖維的芹菜花生，也可以是解油膩的油醋汁沙拉。

烹飪秘笈

醃製時要盡量用手抓拌，促進調料深入肉的肌理。炸兩遍的意義在於：第一遍炸熟，第二遍炸得外焦裏嫩。

夜宵的時候給自己來一碟熱騰騰的椒鹽排條，
就着一杯啤酒喝下去，真的是對自己莫大的寵愛。

鍋包肉

主料　豬脊肉（豬裏脊）300 克 ★ 胡蘿蔔 25 克
輔料　生粉適量 ★ 白糖 2 湯匙 ★ 白醋 3 湯匙 ★ 葱絲、薑絲、蒜末各 8 克
　　　芫荽 15 克 ★ 鹽 2 克 ★ 料酒 1 湯匙 ★ 蛋白適量 ★ 油 500 毫升

操作步驟

① 豬肉切成 3~5 毫米厚的片，加入鹽和料酒抓拌均勻去腥，醃製一會兒。

② 胡蘿蔔洗淨後切絲，芫荽擇洗乾淨後切成寸段。

③ 用蛋白和生粉給肉片上漿備用。漿的厚度不要太薄。

④ 鍋中放油燒至六成熱，將肉片逐片放入炸製。

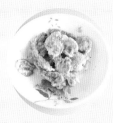

⑤ 肉片浮起，定型後，撈出瀝油備用。

⑥ 將油溫提升至八成熱左右，將肉片再次放入，快速炸製半分鐘，至色澤金黃，撈出瀝油。

⑦ 淨鍋放入白糖、醋，小火熬化，攪勻製成酸甜汁。

完成！

⑧ 鍋中放入少許油燒熱後，爆香葱薑蒜，加入胡蘿蔔、芫荽、肉片、酸甜汁炒勻即可。

營養貼士

這是一道用瘦肉卻做出豐腴甜美口感的好料理，蔬菜和肉食相得益彰，搭配得當。掛漿的烹飪方法，使得即便油炸，也不至於吸太多的油。

烹飪秘笈

肉片要有一定的厚度，否則很容易被炸乾炸硬。此外，油炸後，廚房瓷磚上會殘留油漬，用小蘇打清洗會更環保、更潔淨、更方便。

酸酸甜甜，如同初戀的味道，
一嘗就再也忘不掉。
要抓住他／她的心，就趕緊學會吧！

糖醋排骨

烹飪時間 60分鐘　難度 5

主料　肋排 750 克

輔料　冰糖 20 克 ★ 鹽、雞粉各 1/2 茶匙 ★ 薑片、蒜片各 10 克 ★ 料酒 2 湯匙 ★ 醬油 2 湯匙
香醋 3 湯匙 ★ 老抽 2 茶匙 ★ 五香粉 1/2 茶匙 ★ 油 500 毫升（實耗約 45 毫升）

操作步驟

① 將排骨切為 7 厘米左右小段，然後泡淨血水。撈出瀝乾水分備用。

② 在排骨中加入鹽、雞粉、1 湯匙料酒醃製。

③ 鍋中放油燒至六成熱，將肋排放入，中火炸製。避免過高火力使油溫過高，將排骨炸焦。

④ 將排骨炸至微微焦黃後撈出瀝油。

⑤ 鍋中留下少許油，保持與剛才一致的油溫，爆香薑片、蒜片。

⑥ 放入排骨翻炒 1 分鐘。

⑦ 加入與排骨等量的清水，加醬油、老抽、1 湯匙香醋、1 湯匙料酒，以及五香粉、冰糖，大火煮開轉小火。

完成！

⑧ 在湯汁基本收乾後，淋入剩下的香醋再翻炒 15 秒左右即可。

營養貼士

在醋的作用下，排骨中的磷酸鈣、骨膠原等物質變得更容易被吸收。如果你的牙不錯，建議碰到嚼得動的脆骨一概吃掉！在肋排的尖部，這樣的脆骨很多。

和薯仔一樣，排骨真是怎麼做都好吃。

如果你吃膩了紅燒做法，不妨試試糖醋口味。

同是排骨，做法不同，滋味迥異。

但不管怎麼做，都有一番銷魂滋味。

就好比環肥燕瘦，各有千秋。別有一番滋味在心頭。

烹飪秘笈

香醋容易揮發，所以不宜一上來全部放入，留一部分最後放入就可以了。

CHAPTER III

香噴噴下飯菜

炒三丁

烹飪時間 15分鐘　難度 1

主料　尖椒100克 ★ 熏乾(五香豆干)100克 ★ 薯仔150克 ★ 豬枚頭肉100克
輔料　鹽、雞粉各1克 ★ 料酒1茶匙 ★ 醬油1茶匙 ★ 蠔油1湯匙 ★ 油3湯匙

操作步驟

① 將豬枚頭肉切成1.5厘米見方的小方丁,用鹽、雞粉、料酒抓拌均勻,醃製15分鐘左右。

② 將尖椒洗淨去蒂去子,切成1.5厘米的小方片;熏乾切成和肉丁大小相仿的小方丁。

③ 薯仔去皮洗淨,切成和肉丁大小相仿的小方丁,入沸水焯燙一兩分鐘後,撈出瀝乾水分備用。

④ 鍋中放油燒至五成熱,即手掌放在上方有明顯熱力的時候,將肉丁放入煸炒至熟後盛出。

⑤ 然後放入尖椒片,中火翻炒45秒左右,至尖椒微辣的香氣析出。

完成!

⑥ 放入薯仔和熏乾,炒至薯仔熟透,再加入肉丁、醬油、蠔油翻炒均勻,一兩分鐘後即可離鍋。

營養貼士

薯仔除了蛋白質之外,還含有豐富的鈣、鉀等礦物質及多種維他命,在歐洲享有"第二麵包"的美譽。同時,熏肝和豬肉之間,也形成了植物蛋白和動物蛋白的互補,讓這道菜健康滿滿。

烹飪秘笈

選用有少許肥肉的豬肉
口味更佳。豬枚頭肉肥
瘦相間,肉質鮮美,
用來炒製或者烤製都
很好吃。

這是一道可以解決廚房裏多餘配料的好料理。
把幾樣不相乾的東西炒到一起,
竟然會激發特別的美味呢。

松仁玉米

主料　罐裝粟米(玉米)粒250克 ★ 松子仁50克 ★ 胡蘿蔔50克 ★ 青豆30克
輔料　鹽、雞粉各1/2茶匙 ★ 油3湯匙

操作步驟

①

將罐裝粟米粒取出，瀝乾水份。

②

胡蘿蔔洗淨後先切成粗條，然後切成和粟米粒大小相仿的小方丁。

③

青豆洗淨，放入水中煮熟，瀝乾水分備用。

④

將鍋燒熱，裏面不必放油，放入松子仁，用小火將松子仁炙香，然後盛出備用。

⑤

鍋中放油燒至五成熱，先放入胡蘿蔔丁，炒至油逐漸變成了嫩黃色。

⑥

然後放入粟米粒翻炒均勻。

⑦

再加入青豆、松子仁翻炒，由於材料都已經預製過，所以翻炒時間不必很長。

完成！

⑧

放入鹽、雞粉調味炒勻即可。若菜裏面的湯水太多，可加少許生粉水勾薄芡即可。

營養貼士

玉米（粟米）中含有豐富的維他命C、維他命E，能夠保護心血管健康、延緩衰老。此外，很多人用眼過度，這樣很容易誘發眼底黃斑病變，而玉米能使這種概率降低四成以上。

玉米（粟米）的清甜與松仁森林的幽香在舌尖完美融合，
彼此滲透，卻保留自己的鮮明個性。
從小朋友時代就愛吃的菜，
吃到只有一顆牙齒也不放棄。

酒香草頭

主料　草頭(又稱苜蓿)500克
輔料　醬油4茶匙 ★ 低度白酒2湯匙 ★ 油2湯匙

烹飪秘笈
火力一定要猛,加熱時間總共也就是幾十秒。

江南料理中很經典的一道小菜,
混合了白酒的香。
雖然酒精隨着火力蒸發了大半,
但是吃多了一樣讓你臉紅紅。

操作步驟

完成!

① 將草頭洗淨後,瀝乾水分。

② 將醬油和白酒放在一起攪拌成調味汁。

③ 鍋中放油燒至八成熱,將草頭放入,開大火快速顛翻,讓食材充分均勻地裹上熱油。

④ 迅速放入調味汁,烹出酒香後立即離鍋即可。

蒜茸通菜

主料　通菜(空心菜或蕹菜)400克 ★ 蒜頭6瓣
輔料　鹽或雞粉1/2茶匙 ★ 油3湯匙

烹飪秘笈

猛火快炒是關鍵,上桌後也要趕快吃,否則菜品很容易出湯、變鹹。

炎炎夏日,
用這道菜配一碗清粥,
平凡普通,滋味悠長,就像這日子一樣。

操作步驟

① 通菜擇洗乾淨,切成7~10厘米長的段,注意將莖、葉分開放置。

② 蒜頭拍鬆後,去掉外皮,放入壓蒜器壓成蒜茸,或者用刀切成小碎末。

③ 鍋中放油燒至五成熱,即手掌放在上方能感覺到明顯熱力的時候,將蒜末放入,小火煸炒。

④ 聞到濃濃的蒜香時,轉大火,將通菜的莖先放入,炒20秒左右。

⑤ 然後放入通菜的其餘部分,快速翻炒至通菜的顏色油亮鮮綠,並且微微變軟。

完成!

⑥ 放入鹽、雞粉,快速翻炒均勻即可。

清炒西蘭花

烹飪時間 10分鐘　難度 1

主料　西蘭花750克
輔料　蒜末15克 ★ 雞汁1湯匙 ★ 鹽少許 ★ 油2湯匙

操 作 步 驟

① 西蘭花老莖切掉。

② 然後切成小朵，朵的大小和食指捲起的大小差不多就行。

③ 鍋中燒沸水，加入少許鹽。

④ 將西蘭花放入焯燙一下。

⑤ 撈出浸入冷水中備用。這樣可以讓西蘭花更加嫩綠脆爽。

⑥ 鍋中放油燒至五成熱，將蒜末放入，以中火煸香。

⑦ 放入西蘭花翻炒。

完成！

⑧ 加入雞汁翻炒2分鐘左右至入味熟透即可。

營 養 貼 士

西蘭花從地中海東部傳遍了全世界，一直是同類食材的翹楚，它的營養豐富而且全面，同時西蘭花能夠抗癌，降低高血壓、心臟病等的發生概率。

如果生病了沒什麼胃口，就吃一道清炒西蘭花吧。
西蘭花就是這麼驕傲，獨自作為主角出現
經過火的演繹，變成營養又美味的一道好蔬食。

烹飪秘笈

在淡鹽水中焯燙蔬菜，可以讓食材更加鮮綠，之後浸涼可以保持其脆爽的口感；烹飪時要把蒜炒熟炒香。

火腿炒娃娃菜

主料　娃娃菜2棵★火腿100克
輔料　葱花、薑末各8克★鹽、雞粉各1/2茶匙★生粉水2湯匙★芝麻油少許★油3湯匙

烹飪秘笈
娃娃菜要用生粉水勾芡，勾的芡要濃一些更好。

嬌嫩的娃娃菜，有了火腿，
就顯得有了一絲煙火氣，
製作相當簡單，熱量也不高，
適合正在減肥的姐妹。

操 作 步 驟

① 娃娃菜去根，縱切成四條，將菜葉分散開來，沖洗乾淨，瀝乾水分備用。

② 火腿切成片備用。

③ 鍋中放油燒至五成熱，葱花、薑末爆香後，放入娃娃菜，翻炒半分鐘左右。

④ 娃娃菜稍軟後，放入火腿炒勻。

⑤ 加入鹽、雞粉調味。

完成！
⑥ 娃娃菜軟熟後，淋入芝麻油，加生粉水勾芡即可。

番茄炒蛋

主料　番茄2個 ★ 雞蛋3隻
輔料　葱花5克 ★ 鹽1/2茶匙 ★ 白糖2茶匙 ★ 油5湯匙

烹飪秘笈
這道菜其實口味變化很多,可以自由調配。

據說這是一道:八成的人覺得最下飯的一道菜,
九成的人無法討厭的一道菜,
差不多所有新手下廚必學的一道菜!
酸酸甜甜,雞蛋和番茄的最佳搭配!

操作步驟

1. 雞蛋晃一晃(減少磕開後的蛋液殘留),然後打散成蛋液;番茄洗淨去蒂,切成小塊備用。

2. 鍋中放3湯匙油,燒至七成熱後,將蛋液緩緩淋入,在鍋中快速攪打炒成蓬鬆的炒雞蛋。

3. 雞蛋盛出,鍋中重新放油燒至五成熱,先將葱花放入爆香。

4. 然後放入番茄塊,大火翻炒,炒至番茄軟爛。

5. 放入鹽、白糖調味,攪拌均勻。

完成!

6. 最後放入雞蛋,炒勻即可。

青瓜炒蛋

主料　青瓜2條 ★ 雞蛋3隻
輔料　鹽、雞粉各1/2茶匙 ★ 葱花5克 ★ 油3湯匙

烹飪秘笈

火要旺，青瓜帶皮會更翠綠，但是去皮會更脆嫩。

青瓜清香，雞蛋嫩滑，
大火炒出來，不由感慨：
為什麼雞蛋搭配什麼都是這麼好吃呢？

操作步驟

① 將青瓜洗淨，切成兩半，斜刀切成片。

② 雞蛋磕入碗中，放少許鹽，用筷子攪拌均勻。

③ 炒鍋放火上，加入油，油燒熱後先將蛋液倒入，炒到八成熟盛出來。

④ 繼續加入油，下葱花熗鍋。

⑤ 投入青瓜片，把雞蛋倒入一起炒勻。

完成！

⑥ 最後放入剩餘的鹽，離鍋裝碟即成。

韭黃炒蛋

主料　雞蛋3隻 ★ 韭黃400克
輔料　醬油1湯匙 ★ 油3湯匙

烹飪秘笈

不能在放入雞蛋之後再放醬油，否則大部分醬油都會被雞蛋吸走。

素菜中的鮮味之王！
不知道是雞蛋讓韭黃更加鮮美，
還是韭黃成就了雞蛋的陪伴，
總之就是超級好做又好吃的一道菜。

操作步驟

① 將雞蛋晃一晃再磕入大碗中，這樣蛋殼上不會殘留過多蛋液。用筷子或者打蛋器將雞蛋打勻，靜置片刻備用。

② 韭黃擇洗乾淨，去掉外面的老葉外皮，切成3厘米左右的段。

③ 鍋中放入2湯匙油，燒至八九成熱，倒入蛋液迅速翻炒成為蛋花後，盛出備用。

④ 鍋中重新放入1湯匙油，燒至五成熱，放入韭黃翻炒至軟熟。

⑤ 加入醬油炒勻。

⑥ 放入雞蛋翻炒。

完成！

⑦ 最後把韭黃和雞蛋炒勻即可。

欖菜肉末四季豆

烹飪時間 10分鐘　難度 1

主料　四季豆350克 ★ 橄欖菜40克 ★ 豬肉末50克
輔料　醬油1湯匙 ★ 鹽適量 ★ 雞粉1/2茶匙 ★ 葱末、蒜末各10克 ★ 料酒2茶匙 ★ 油3湯匙

操作步驟

① 鍋中燒開一鍋水，放入適量鹽。肉末用鹽和料酒抓勻，靜置去腥備用。

② 將四季豆擇去兩端，並撕去兩側的絲。

③ 將四季豆放入沸水中氽燙，直至水再次滾沸後，撈出沖涼水，瀝乾。

④ 將四季豆切成小於1厘米的小段備用。

⑤ 鍋中放油燒至五成熱，爆香葱末、蒜末，放入肉末煸炒至其中大部分的水分揮發，質地微乾。

完成！

⑥ 放入四季豆和橄欖菜，加入醬油，翻炒至食材熟透入味即可。

營養貼士

鮮四季豆含有皂苷等有毒物質，烹製時間宜長不宜短，必須完全變色熟透才能食用。這道菜尤其適合夏天吃，既能增進食慾，還能消暑、養胃。

這道菜既適合配米飯，又適合拌麵條，
是頗受"懶人"歡迎的家常菜式！
不妨一次多做一些吧！
吃不完放在冰櫃裏，隨用隨取，省時省力！

荷蘭豆炒臘肉

主料　荷蘭豆250克 ★ 臘肉100克
輔料　蒜末15克 ★ 雞粉1/2茶匙 ★ 油2湯匙

烹飪秘笈

將焯燙後的荷蘭豆放在漏網裏沖涼水，瀝乾後再下鍋炒製。

當爽脆清香的荷蘭豆，遇上油潤鹹香的臘肉，
不但結合出豐富的口感，更以其紅綠相間的鮮艷色澤，
帶給人賞心悅目的體驗。

操作步驟

① 燒一鍋開水，將荷蘭豆擇洗乾淨後，放入沸水中氽燙15秒左右撈出，瀝乾水分備用。

② 焯荷蘭豆的水留下，繼續燒至滾沸，將臘肉放入，焯30~60秒後撈出，瀝乾水分備用。

③ 鍋中放油燒至六成熱，即手掌放在上方能感到明顯熱力的時候，放入蒜末爆香。

④ 等到蒜末有些微微變色的時候，放入臘肉煸炒1分鐘。

⑤ 然後放入荷蘭豆翻炒均勻。

完成！

⑥ 由於荷蘭豆已經焯水了，所以炒製一兩分鐘就可以熟透了，熟後加入雞粉調味炒勻即可。

芫爆百葉

主料　牛百葉250克 ★ 芫荽50克
輔料　料酒2湯匙 ★ 鹽、雞粉各1/2茶匙 ★ 白胡椒粉2克 ★ 生粉水2湯匙 ★ 油3湯匙

烹飪秘笈

百葉每次汆燙1秒以內，重複5~7次，看到上面的毛刺立起即可。

百葉潔白，芫荽碧綠，可謂"既爽口、又養眼"。
當然下飯也十分適宜，做法更是簡單方便。

操作步驟

①
燒開一鍋沸水；牛百葉切成寬度在5毫米左右的條；芫荽洗淨去根後，切成寸段備用。

②
將鹽、白胡椒粉、生粉水放在一起充分攪拌均勻，直至鹽和雞粉充分溶解，製成調味汁。

③
在沸水中加入料酒，然後立刻將牛百葉放入大漏勺中，入水燙熟，放在一旁瀝乾水分備用。

④
鍋中放油燒至七成熟，即能看到輕微油煙的時候，將牛百葉和芫荽一同放入。

完成！

⑤
放入調味汁，大火快速翻炒均勻。

⑥
為了保證牛百葉的口感，一定要猛火快炒，時間最好控製在20秒以內，調味汁裹勻後馬上離鍋。

清炒蝦仁

主料　小蝦仁150克　黃瓜1根
輔料　料酒2茶匙　鹽2克　油3湯匙

烹飪秘笈

千萬不要放雞粉，吃的就是蝦肉本身的鮮味。

吃起來很清爽，絕對體現耐心和廚藝的一道料理，
用充滿愛的心去經營這道菜吧，
鮮美彈牙的蝦仁會用無上滋味回報你。

操作步驟

完成！

① 蝦仁去掉蝦腸洗淨。黃瓜洗淨，再將其切成不到1厘米見方的小丁。

② 鍋中放油燒至五成熱，將蝦仁放入。

③ 烹入料酒，炒至蝦熟透，需要20~30秒。

④ 然後放入青瓜粒炒勻，最後放入鹽調味即可。

清炒蟶子

主料　蟶子500克
輔料　大蔥25克 ★ 生薑15克 ★ 乾紅辣椒2根 ★ 白酒1湯匙 ★ 鹽、芝麻油各適量 ★ 油3湯匙

烹飪秘笈
蟶子加熱時間可以稍長一些，熟透了才好。

蟶子肉鮮嫩美味，好吃又易剝，
真是給懶惰的人們準備的。
如果想請客，這道清炒蟶子是最佳選擇。

操作步驟

① 將蟶子刷洗乾淨，放入清水中，撒入適量鹽和芝麻油，促其吐沙，吐淨後將蟶子撈出瀝乾水分。

② 大蔥切成蔥絲，生薑也切成絲，乾紅辣椒剪小段，辣椒子一起留用。

③ 鍋中放油，將辣椒子先放入，待油溫燒至辣椒子變色。

④ 加入乾紅辣椒段、蔥絲、薑絲，轉大火。

⑤ 放入蟶子，烹入白酒，大火翻炒。

完成！

⑥ 待蟶子基本開口，肉熟透後，加入1/2茶匙的鹽和雞粉，調味炒勻即可。

葱薑炒蟹

烹飪時間 15分鐘　難度 1

主料　海蟹2隻
輔料　香葱段30克 ★ 薑絲25克 ★ 麵粉適量 ★ 鹽1/2茶匙 白糖1茶匙 ★ 白胡椒粉1克
黃酒2湯匙 ★ 生粉水2湯匙 ★ 油100毫升

操作步驟

① 將海蟹洗淨，去殼，去掉心、鰓等不可食部分。

② 然後將處理乾淨的蟹斬成小塊，用白胡椒粉、黃酒抓勻，醃製去腥。

③ 鍋中放油燒至五成熱，放入薑絲煸香。

④ 將蟹塊裹勻一層薄薄的麵粉後，下鍋翻炒至表面金黃。

⑤ 加入鹽、白糖，翻炒均勻，以中小火炒至螃蟹熟透。

⑥ 完成！ 最後加生粉水勾薄芡，撒入香葱段炒勻即可。

營養貼士

海蟹肉質潔白細滑，鮮香無比，含有豐富的適合人體吸收的微量元素和維他命。而且蟹肉性涼，能夠滋陰清熱，並對結核病有一定抗病效果。但蟹肉不適合出血症患者和腸胃虛弱的人士食用。

烹飪秘笈
注意螃蟹身上有很尖銳的地方，拌的時候最好用筷子，不要用手。

"菊花開，聞蟹來"，
秋天是吃蟹的最佳季節。
這道葱薑炒蟹鮮香四溢、肉厚肥嫩、膏似凝脂、色如白玉，
是必須要學會做的一道好菜，錯過這村就沒這個店啦。

宮保雞丁

主料　雞胸肉300克 ★ 熟花生仁50克
輔料　花椒10克　蔥白30克　乾紅辣椒8根　生粉少許　料酒2茶匙　鹽1/2茶匙
　　　醬油1湯匙　蠔油2茶匙　砂糖1茶匙　生粉水1湯匙　陳醋1湯匙　油5湯匙

操作步驟

① 雞胸肉先片成2~3厘米的厚片,然後切粗條,再切成大致2厘米見方的小塊。蔥白也切成大小相仿的方丁。

② 將雞胸肉加入料酒去腥,加入鹽、少許生粉,用手充分抓拌均勻,靜置15分鐘左右。

③ 鍋中放2湯匙油燒至四成熱,放入熟花生仁,中小火炒至花生仁酥脆香濃,盛出瀝油備用。

④ 醬油、蠔油、砂糖、陳醋、生粉水混合製成調味汁。乾紅辣椒剪成小段,辣椒子留用。

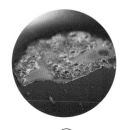

⑤ 鍋中放油燒至五成熱,放入花椒炸香。

⑥ 然後放入蔥白丁和乾紅辣椒(和籽一起),炸至辣椒變色。

⑦ 放入雞丁翻炒1分鐘左右至雞肉熟透。

完成!

⑧ 最後加入調味汁,翻炒均勻即可離鍋。

營養貼士

相比牛肉、豬肉等,雞肉的蛋白質含量相對更高,而脂肪含量較低。不過,這裏說的是不帶皮的雞肉,雞肉大部分的脂肪都集中在雞皮上,因此建議怕胖的人食用時去掉雞皮。

烹飪秘笈

炸花生仁不要過火，
否則會有一些苦味；
炸辣椒千萬不要讓它變黑，
那樣香辣的味道全無，
就變成糊味了。

雞肉的鮮嫩配合花生的香脆，
入口鮮辣，廣受人們的歡迎。
在西方國家，
宮保雞丁幾乎成了中國菜的代名詞，
可見其名氣之大，影響之廣！

芹菜魷魚卷

<table>
<tr><td>烹飪時間
20分鐘</td><td>難度
3</td></tr>
</table>

主料　魷魚300克★芹菜200克

輔料　青/紅尖椒2根★油2湯匙★料酒1茶匙★醬油1茶匙
　　　香醋1/2茶匙★葱末、薑末、蒜末各少許★鹽適量

烹飪秘笈

魷魚切花刀不要切斷。如果不太熟練，切口先不要切得過密。

新鮮爽脆的芹菜搭配鮮嫩彈牙的魷魚，
是一場碧綠與紅白的水陸遊戲。

操作步驟

① 魷魚洗乾淨，切花刀。

② 再將魷魚切成段備用。段的長度約5厘米就可以。

③ 切好的魷魚，用料酒、部分鹽醃10分鐘。

④ 芹菜、尖椒擇洗乾淨，芹菜切段，尖椒切成細條備用。

完成！

⑤ 鍋裏加水燒開後，放入魷魚片燙成捲後立即撈出瀝乾水。

⑥ 熱油放葱末、薑末、蒜末爆香，下芹菜、尖椒、魷魚捲炒熟，加醬油、香醋、剩餘鹽炒勻即可。

醬爆雞丁

主料　雞胸肉200克★黃瓜1根
輔料　甜麵醬3湯匙★薑末10克★料酒1湯匙★蛋白適量★生粉少許★油100毫升

烹飪秘笈
也可以用黃醬來炒，根據口味加糖就可以，黃醬偏醬香，味道厚重。

菜色紅潤油亮，味道鹹中帶甜，
肉質嫩滑鮮美，入口頓感醬香濃郁，
堪稱醬爆菜中的魁首！

操作步驟

完成！

1. 雞胸肉切成1.5厘米方丁；黃瓜切成小丁備用。

2. 將雞胸肉用料酒、雞粉和生粉抓勻入味，再加入蛋白抓拌均勻。

3. 放油燒至四成熱，放入薑末，再放入雞丁，中火滑至基本熟透後盛出。

4. 留適量油，放入甜麵醬，小火炒至微微濃稠，下入青瓜粒和雞丁翻勻即可。

螞蟻上樹

烹飪時間 15分鐘　難度 3

主料　乾粉絲35克 ★ 肉末100克

輔料　葱末、薑末、蒜末各10克 ★ 料酒1湯匙 ★ 生抽5茶匙 ★ 老抽2茶匙
　　　雞汁1湯匙 ★ 郫縣豆瓣醬2湯匙 ★ 香葱粒15克 ★ 油4湯匙

烹飪秘笈
多加翻炒，以防粉絲糊鍋。肉末肥三瘦七的比較好。

肉末貼在粉絲上，
形似螞蟻爬在樹枝上。
以形取名，別有風味！

操作步驟

① 將乾粉絲用水泡發。另將雞汁用適量清水稀釋調勻備用。

② 鍋中放油燒至五成熱，爆香葱末、薑末、蒜末後，將郫縣豆瓣醬放入，炒出香味和紅油。

③ 放入肉末和料酒烹香，炒至肉末完全變色。

④ 將粉絲撈出，放入鍋中，加入稀釋的雞汁和食材等量的清水。

⑤ 加入生抽、老抽，大火煮開，多加翻動，讓粉絲和肉末混合均勻。

完成！

⑥ 直至湯汁收乾後盛出，撒上香葱粒即可。

黑椒香菇雞

主料　雞腿肉350克 ★ 紫洋蔥1/2個 ★ 鮮香菇5個
輔料　薑末、蒜末各8克 ★ 生粉1茶匙 ★ 蠔油、料酒各1湯匙 ★ 醬油2茶匙
　　　老抽1茶匙 ★ 砂糖1/2茶匙 ★ 現磨黑胡椒碎（注意不是粉）1茶匙 ★ 油4湯匙

烹飪秘笈

切洋蔥時如果感覺嗆眼睛，可將切下來的洋蔥放在一盆清水中浸泡備用。

香菇和雞肉都是遇到黑胡椒就好吃得不得了的食材。
黑胡椒可激發出香菇與雞肉的鮮香，
更帶來豐富的口感，令人爽口爽心！

操 作 步 驟

① 用刀從中間將雞肉縱切一刀直至骨頭，然後再把肉整塊地剔下來。

② 雞腿肉切成2~3厘米的塊，用料酒、蠔油、生粉醃製，抓拌均勻，靜置30分鐘。

③ 洋蔥洗淨，切成和雞腿肉差不多大小的片。

④ 鮮香菇洗淨，去蒂，將菌蓋切成四塊備用。

⑤ 放入油燒至四成熱，將雞腿肉先放入，用溫油中火滑炒至斷生後撈出瀝油。

⑥ 留少許油爆香薑末、蒜末，放入洋蔥、香菇，用大火翻炒，直至香菇變軟。

完成！

⑦ 加入雞肉翻炒均勻。然後加入醬油、老抽、砂糖、現磨黑胡椒碎，燒至湯汁濃稠，所有食材全部軟熟後即可。

毛豆肉丁

主料　毛豆100克（去莢後）★ 豬瘦肉80克（裏脊或者腿肉均可）★ 胡蘿蔔120克

輔料　桂皮、八角各5克 ★ 鹽2克 ★ 雞粉1/2茶匙 ★ 醬油1湯匙 ★ 料酒2茶匙
　　　白糖1/2茶匙 ★ 油3湯匙

操 作 步 驟

①

將毛豆洗淨，然後放入加有桂皮和大料的沸水中，用中火煮製，保持水微滾的狀態，一般8分鐘左右即可。

②

豬瘦肉用清水沖洗淨多餘的血水；胡蘿蔔洗淨。兩者都切成1.5厘米見方的丁。

③

豬瘦肉用料酒、部分鹽略拌一下，醃製去腥，靜置10~15分鐘。

④

鍋中放油燒至五成熱，即手掌放在上方有明顯熱力的時候，將肉放入煸炒至變色。

⑤

放入胡蘿蔔丁和毛豆炒勻。

完成！

⑥

加入雞粉、醬油、白糖及剩餘鹽調味炒勻至熟透。

烹飪秘笈

建議在水中放一些花椒和八角，也可以根據自己的口味加一些鹽——只是別忘了這是要炒菜的，別覺得好吃就都給直接吃了……

碧綠的毛豆，軟滑的肉丁，相得益彰，
這樣的家常菜吃一輩子都不會厭煩呢。
用筷子一粒粒夾着吃，
連消磨時光都覺得這麼美妙。

回鍋肉

烹飪時間 40分鐘　難度 3

主料　帶皮豬枚頭肉300克(要整塊，先不要切)★青蒜50克
輔料　乾紅辣椒3根★花椒8克★葱段、薑片各15克★八角1個★黃酒2湯匙
　　　郫縣豆瓣醬2湯匙★白糖1/2茶匙★油3湯匙

操作步驟

①　鍋中放入清水，再放入葱段、黃酒、八角、5克花椒、10克薑片、豬肉，大火煮開。

②　將浮沫撇去，看到豬肉完全變色後，將其撈出，用涼水緊一下。

③　豬肉切成厚度3毫米左右的大片備用。青蒜斜切成3~7厘米長的段備用。

④　放少許油，燒至微有油煙，將剩下的薑片、花椒放入，將乾紅辣椒掰碎放入爆香。

完成！

⑤　放入豬肉片，大火翻炒均勻。然後盛出放在一旁備用。

⑥　鍋中放剩下的油，倒入郫縣豆瓣醬，炒出香味和紅油——這是郫縣豆瓣醬香辣的秘密所在。

⑦　將豬肉片放入，加入白糖，和郫縣豆瓣醬炒勻。

⑧　最後放入青蒜迅速翻勻即可。

營養貼士

百菜不如白菜好，諸肉要數豬肉香。豬肉不僅味道好，其營養成分也絲毫不輸其他肉類。豬肉很溫和，對於腸胃有一定的滋潤作用，能夠生津促進食慾，而且補腎氣。對於大病初癒的人，適度吃一些豬肉調養很適合。

烹飪秘笈

不能沸水下鍋，避免豬肉外面的蛋白質一下子凝固，使得內部的血水不能析出；青蒜可以生吃，基本上沾了熱氣就可以離鍋，以保持它的香氣。

四川名菜回鍋肉，
據説是四川人"打牙祭"的當家菜。
肉片肥瘦相連，金黃油亮；
蒜苗清白分明，雖熟仍秀。
是一道酒飯皆宜的好菜！

木須肉

烹飪時間 15分鐘　難度 1

主料　豬脊肉180克 ★ 黃瓜1根 ★ 乾木耳、乾黃花菜各8克 ★ 雞蛋2隻
輔料　葱花、薑末各8克 ★ 鹽1/2茶匙 ★ 醬油2湯匙 ★ 料酒1湯匙
白糖1/2茶匙 ★ 油5湯匙

操作步驟

① 將豬肉切成片，用料酒和1克鹽抓勻醃製。黃瓜洗淨切片；乾木耳和乾黃花菜泡發洗淨。

② 雞蛋打散成蛋液。鍋中放3湯匙油燒至八成熱，先將雞蛋炒熟炒散後盛出備用。

③ 鍋中重新放油燒至五成熱，將葱花、薑末爆香。

④ 放入肉片炒至變色。

⑤ 放入黃花菜和木耳，大火翻炒一兩分鐘。

⑥ 然後放入黃瓜、雞蛋翻炒均勻。

完成！

⑦ 撒入醬油、白糖和剩餘的鹽，調味炒勻，至所有原料熟透即可。

營養貼士

這道菜不僅好吃，而且營養相當全面。肉類、蛋類、菌類、蔬菜，樣樣不少，可謂家常必備的健康美食。尤其是木耳，可以排毒、防輻射，對於久坐在電腦前的人們非常有益處。

烹飪秘笈

可以適當加少許鹽
來搓洗木耳,然後
沖淨,這樣拾掇
出來的木耳更加乾
淨、黑亮。

木耳與黃花菜,
經過長時間的乾製之後,
成分發生了悄悄的改變。
與鮮品相比,
味道更鮮美,食用更安全!
這便是"轉化的靈感、時間的味道!"

京醬肉絲

烹飪時間 **20分鐘**　難度 **3**

主料　豬脊肉350克★大蔥1根★豆腐皮適量★甜麵醬40克
輔料　薑末5克★鹽、雞粉各1克★雞蛋1隻★生粉少許★油100毫升

操作步驟

①

將雞蛋磕開，緩緩向下倒，同時用蛋殼接住蛋黃，只取蛋白。豬肉洗淨後切絲備用。

②

將豬肉用鹽、雞粉抓勻後，加入少許蛋白和少許生粉，抓勻上漿。

③

大蔥洗淨，先切成7~10厘米長的段，再切成絲備用。

④

豆腐皮放入碗中，上鍋蒸透，和蔥絲一起放入碟中。注意將蔥絲擺在碟子中央。

⑤

鍋中放油燒至三四成熱，將豬肉先放入鍋中，中火溫油將其滑熟，盛出，備用。

⑥

鍋中留適量底油，將薑末爆香後，倒入甜麵醬，小火勤加翻炒至醬汁變濃稠。

⑦

放入肉絲快速翻炒均勻離鍋。

完成！

⑧

將肉絲盛在蔥絲上，吃的時候用豆腐皮捲着肉絲和蔥絲食用即可。

營養貼士

人們都以為這道菜的主角是肉絲，其實不要忽略了蔥的存在。大蔥是舒張血管的能手，油脂攝入過多，血管難免阻塞、失去活性，而大蔥正是救星。這道菜的搭配也可謂是煞費苦心了。

烹飪秘笈

甜麵醬很容易糊鍋，所以火力一定要溫柔，並且勤加翻炒。也可以在開始時先用少許清水稀釋一下醬料，然後放在鍋裏。

是片皮烤鴨的豬肉版，
是所有熱愛醬味的人心中的佳餚。
更用豆腐皮取代了麵餅，製作簡單，比烤鴨更家常，
自家廚房也能烹製。

魚香肉絲

主料　豬脊肉300克 ＊ 冬筍150克 ＊ 乾木耳8克（需用溫水泡發）＊ 青椒50克（去子洗淨後）

輔料　雞蛋1個 ＊ 薑末、蒜末各8克 ＊ 砂糖2茶匙 ＊ 生粉水1湯匙 ＊ 醬油1湯匙
　　　香醋2湯匙 ＊ 料酒1湯匙 ＊ 剁椒碎2湯匙（可提前剁細增加香味）
　　　生粉少許 ＊ 雞粉1/2茶匙 ＊ 油5湯匙

操作步驟

① 將雞蛋搖晃幾下，在碗中磕開打散。

② 將豬肉切成4~5厘米長，5毫米粗細的絲。

③ 在豬肉中加入料酒、蛋液、生粉充分抓拌3~5分鐘，然後靜置片刻。

④ 冬筍、青椒、木耳分別洗淨切絲。砂糖、醬油、香醋、生粉水攪拌均勻製成調味汁。

⑤ 鍋中放3湯匙油燒至三四成熱，將豬肉絲放入，滑至肉絲表面全部變成灰白色，盛出備用。

⑥ 鍋中重新放入剩餘的油，燒至五成熱，將薑末、蒜末爆香，放入剁椒碎炒出香味。

⑦ 放入肉絲、青椒絲、筍絲、木耳絲，大火翻炒兩三分鐘。

完成！

⑧ 最後淋入調味汁迅速翻炒均勻，看到芡汁變濃後即可。

營養貼士

冬筍不僅口感鮮嫩，而且富含膳食纖維，具有潤腸通便的功效，能促進人體排出體內淤積的毒素，讓你通體暢快。當然，也要加強運動，讓身體真正"活"起來。

烹飪秘笈

抓拌豬肉時,蛋液
和生粉不必全部用
完,在肉絲上附着
一層就可以。

此菜與魚並無關係,
由於是模仿四川民間烹魚所用的調料和方法,故取名"魚香"。
成菜色澤紅潤,肉嫩質鮮,鹹甜酸辣兼備,富有魚香味。

萵筍木耳炒肉片

烹飪時間
10分鐘

難度
1

主料　萵筍1棵 ＊ 乾木耳5克 ＊ 豬脊肉150克
輔料　葱花15克 ＊ 蒜末8克 ＊ 鹽1/2茶匙 ＊ 醬油2茶匙 ＊ 料酒1湯匙 ＊ 砂糖1茶匙 ＊ 油3湯匙

操 作 步 驟

① 將乾木耳用溫水泡發。

② 豬肉切成厚度在3毫米左右的片，用料酒和1茶匙醬油醃製片刻備用。

③ 萵筍去葉，從中間分成幾段。先切掉外面最硬的老皮，再將沒有切乾淨的粗纖維刮去。

④ 將萵筍切成半圓形的片；木耳去掉老根洗淨，將較大的木耳撕成小朵。

完成！

⑤ 鍋中放油燒至五成熱，將葱花、蒜末放入爆香。

⑥ 放入豬肉片煸炒至完全變色，烹入剩下的醬油。

⑦ 放入木耳和萵筍炒勻。

⑧ 然後加入鹽、砂糖炒勻，至食材熟透即可。

營 養 貼 士

豬脊肉脂肪含量較低，同時搭配富含膳食纖維的木耳與萵筍，是一道很適合現代人食用的營養菜式，不論是做晚餐還是中午的便當，都非常適合。

不太惹眼的一道菜，

卻包含了菌的鮮、肉的香，

熱量也不高，看似普通，

卻於平凡中創造了不平凡的美味。

剁椒水芹小炒

主料　豬枚頭肉(梅花肉)300克(肥三瘦七，帶皮更好，皮上毛要刮淨)
　　　水芹菜150克(和西芹不同，這種更細更嫩)
輔料　葱末、薑末各10克★剁椒4茶匙★料酒2茶匙★雞粉2克★醬油2茶匙★油2湯匙

烹飪秘笈

帶皮的豬枚頭肉，在冰箱裏凍得有一些硬度更好下刀。

帶着皮的豬枚頭肉味道誘人，
加上剁椒傳神點睛的調味，
只要吃過一次，
再見到的時候唾液腺就會自動亢奮起來。

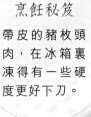

操 作 步 驟

① 將豬肉洗淨，切成3毫米左右厚的片。

② 水芹菜擇洗乾淨，將其切成3~7厘米長的段；另將剁椒剁碎備用。

③ 鍋中放油燒至五成熱，放入葱末、薑末和豬肉片。

④ 烹入料酒炒至肉片完全變色且微微捲曲。

⑤ 放入剁椒醬煸炒20~30秒鐘，炒出剁椒的香辣味道。

完成！

⑥ 放入芹菜略炒。最後加入醬油和雞粉炒勻即可。

農家小炒肉

主料　豬枚頭肉(梅花肉)200克 ☆ 紅彩椒50克 ☆ 青辣椒25克
輔料　豆豉10克 ☆ 醬油1湯匙 ☆ 料酒1湯匙 ☆ 雞粉1/2茶匙 ☆ 油3湯匙

烹飪秘笈

豬肉七八成熟的標誌是變色，肉質微微變硬的狀態。

湘菜館裏點擊率非常高的一道菜。
外表雖然不起眼，其火爆噴香的味道卻十分霸道！

操作步驟

① 將豬肉微微凍硬後，切成厚度約3毫米的小片。

② 將豬肉加入料酒，抓一下，略加醃製備用。

③ 紅彩椒去蒂去子，切成菱形片；青辣椒去蒂，斜切成段。

④ 將豆豉剁細，以便其更多地釋放出豉香。

完成！

⑤ 鍋中熱油，爆香豆豉。將豬肉放入，大火煸炒至七八成熟後盛出。

⑥ 鍋中留油燒熱，將紅彩椒、青辣椒放入，煸炒出香味。

⑦ 將豬肉放入翻炒。

⑧ 看到紅彩椒、青辣椒去生、略軟熟後，加醬油炒勻即可。

蒜苔炒肉片

主料　蒜芯（蒜苔）200克 ✷ 豬肉200克
輔料　乾辣椒1個 ✷ 鹽2克 ✷ 醬油少許 ✷ 白糖1茶匙 ✷ 雞粉1茶匙
　　　料酒1湯匙 ✷ 生粉2茶匙 ✷ 油適量

烹飪秘笈

炒這道菜，略肥的肉較好吃。另外乾辣椒也可以不放。

下廚必學：下館子必點的一道菜。
聞上去蒜香撲鼻，吃上去鮮香爽甜，
是地地道道的"米飯殺手"！

操 作 步 驟

① 豬肉洗淨，切成肉絲，加醬油、料酒、生粉、一半的白糖醃製15分鐘。

② 蒜苔洗淨，切成半根手指那麼長的小段。

③ 蒜苔用開水燙一下，撈出瀝乾水分備用。

④ 乾辣椒切成絲。

⑤ 鍋中油熱後，放入肉絲炒至變色，盛出備用。

⑥ 原鍋再倒入少許油，放入乾辣椒絲炒香。

⑦ 放入蒜苔，翻炒均勻，淋少許水，炒到蒜苔稍稍變軟一些。

完成！

⑧ 放入肉絲，煸炒至入味，加少許鹽、剩餘白糖調味即可。

杭椒炒牛柳

主料　牛柳肉350克（最嫩的牛柳部位叫"黃瓜條"）★杭椒70克
輔料　醬油2茶匙★生粉少許★鹽1/2茶匙★冰糖10克★老抽少許
　　　蔥段、薑塊各少許★油400毫升（實耗約40毫升）

烹飪秘笈
牛肉滑炒至八成熟需要約60秒，看到牛肉變色，還保持着軟嫩的狀態。

鮮美卻不太辣的杭椒
配上嫩滑的牛肉，
奇妙的組合，更奇妙的滋味，
縈繞在唇齒之間。

操作步驟

① 牛柳用清水泡淨血水，切成粗條。

② 杭椒洗淨去蒂切段。蔥段、薑塊剁碎，加清水浸泡，製成蔥薑水。

③ 將牛肉用鹽、蔥薑水略醃，然後裹上薄薄一層生粉。

④ 將醬油、老抽、冰糖攪拌均勻，製成調味汁。

完成！

⑤ 鍋中放油燒至四成熱，將牛肉以中火滑至八成熟，撈出瀝油備用。

⑥ 保持油溫，放入杭椒，炸至表皮稍起褶皺後，撈出瀝油備用。

⑦ 鍋中留少許油燒熱，放入調味汁快速攪動至湯汁變濃。

⑧ 將牛肉和杭椒放入，快速顛翻均勻即可。

青椒乾絲

主料　青椒250克 ★ 豆乾200克 ★ 豬肉50克

輔料　葱末、薑末各5克 ★ 乾紅辣椒3根 ★ 醬油2湯匙 ★ 鹽2克
　　　料酒2茶匙 ★ 白糖1茶匙 ★ 老抽1茶匙 ★ 油3湯匙

烹飪秘笈

豆乾不宜過早放入，以免調味料淹沒其本味，炒製時間也不宜太長。

校園時代蓋澆飯最受歡迎的下飯菜之一，忍不住重溫一番！

操作步驟

① 豬肉切成5毫米左右的絲，加鹽、料酒，抓拌均勻，醃製15分鐘左右。

② 青椒去蒂，對半剖開，去掉中間的子，沖洗乾淨，然後切成3~5毫米粗細的絲。

③ 將豆乾切成和青椒差不多粗細的絲。

④ 鍋中放油燒至五成熱，先將乾紅辣椒直接掰碎放入鍋中，待辣椒子變色。

⑤ 放入葱末、薑末，再放入肉絲煸炒，加入少許醬油調味炒勻。

⑥ 肉絲熟透後，加入青椒，翻炒至斷生。

⑦ 加入白糖、老抽、剩餘醬油，中火翻炒1分鐘左右。

完成！

⑧ 最後放入豆乾絲，翻炒均勻即可。

醬爆腰花

主料　豬腰300克 ★ 胡蘿蔔100克
輔料　白醋適量 ★ 醬油1湯匙 ★ 老抽1茶匙 ★ 鹽2克 ★ 雞粉1/2茶匙
　　　蔥末、蒜末、薑末各10克 ★ 白酒1湯匙 ★ 生粉水1湯匙 ★ 油3湯匙

烹飪秘笈

用白醋揉搓豬腰，可去掉其中大部分的腥臊味道。

腰花有一種獨特的氣味，
也有一種獨特的鮮味，
如果處理好了，就是神作。

操作步驟

① 豬腰去臊腺，用白醋充分搓洗，沖洗乾淨，劃上十字花刀，分切成適口的片，入沸水汆燙幾秒鐘後撈出瀝水。

② 胡蘿蔔洗淨，兩側縱向切去一片，使之有兩個平整的側面相對，然後平放切成平行四邊形的片。

③ 鍋中放油燒至七成熱，即能看到輕微油煙的時候，將蔥末、薑末、蒜末放入爆香。

④ 放入豬腰，大火爆炒，並放入白酒大火烹香，同時可以進一步去掉一些腥味。

⑤ 炒半分鐘左右，豬腰已經斷生並且完全變色，加入胡蘿蔔翻炒均勻。

完成！

⑥ 放入醬油、老抽、鹽、雞粉翻炒均勻，繼續炒製半分鐘左右，豬腰熟透就放入生粉水勾芡即可。

孜然羊肉

主料　羊肉500克 ★ 芫荽50克

輔料　花椒粉1/2茶匙 ★ 孜然粉2茶匙 ★ 辣椒粉、孜然粒各1茶匙 ★ 辣椒碎1茶匙
　　　醬油1湯匙 ★ 鹽1茶匙 ★ 生粉少許 ★ 熟白芝麻1湯匙 ★ 油適量

操作步驟

①
羊肉事先用溫水泡半小時，然後洗淨切粗絲。

②
芫荽擇洗乾淨，備用。芫荽可以多切些。

③
切好的羊肉放入生粉和醬油，抓勻，然後放入孜然粒，繼續醃漬10分鐘。

④
鍋燒熱，倒入油燒至八成熱，放入羊肉翻炒，油不要太少。

⑤
羊肉變色後改小火，慢慢炒乾羊肉的水分。

⑥
放入鹽、辣椒粉、孜然粉、花椒粉翻炒均勻。

⑦
最後撒入熟的白芝麻、辣椒碎，這樣好看好吃。

完成！

⑧
炒好的羊肉盛入鋪滿芫荽的碟中就可以上桌了。

營養貼士

羊肉的蛋白質含量較高，脂肪含量較少，且肉質細嫩，容易消化吸收。羊肉性溫熱，暖中補虛、溫腎填精、益氣補血，是冬季進補的重要食材，尤其適合老年人、體虛者食用。

孜然氣味芳香而濃烈，
與羊肉搭配，不僅可去膻提鮮，還可理氣開胃。

CHAPTER IV

惹味下飯菜

開洋白菜

主料　圓白菜650克 ✱ 蝦米10克（用溫水泡發後大約有20克）
輔料　鹽2克 ✱ 雞粉1/2茶匙 ✱ 油2湯匙

操作步驟

① 將圓白菜逐層剝開，初步沖洗一下。

② 將圓白菜每片葉子中間的莖切掉。

③ 將比較大的葉子撕成小片。

④ 鍋中放油燒至三四成熱，轉中火，放入泡好的蝦米，慢慢煸出香味。

⑤ 轉大火，放入圓白菜，大火翻炒。

⑥ 如果家中的爐灶火力比較旺，可以中途添加微量清水，防止糊鍋。

完成！

⑦ 放入鹽和雞粉，調味炒勻，至圓白菜軟熟後即可。

營養貼士

在抗癌蔬菜的大排名中，圓白菜排第五位。它和蘆筍、花菜等一樣，都有很強的抗衰老抗氧化的作用，此外適合孕婦食用，因為含有豐富的葉酸。

碧綠的圓白菜，配上金黃的蝦米，
如鄰家小妹一般清新淡雅，爽口開胃。

土豆燒茄子

烹飪時間 **20分鐘**
難度 **1**

主料　長茄子500克 ★ 肉末50克（肥瘦相間的肉末最佳）★ 薯仔（土豆）150克
輔料　生抽1湯匙 ★ 料酒1湯匙 ★ 老抽2茶匙 ★ 白砂糖2茶匙 ★ 甜麵醬1湯匙
　　　蔥末、薑末各5克 ★ 油500毫升（實耗約45毫升）

烹飪秘笈
茄子皮中含有豐富的維他命P，最好不要去皮。

俗話説"土豆燒茄子，撑死老爺子"。
既有濃濃的田園風情，又有對家的絲絲牽掛，
還有什麼菜能比它更家常？

操作步驟

① 長茄子洗淨去蒂，切成滾刀塊，在中央切幾刀花刀。

② 薯仔去皮洗淨，切成和茄子塊大小差不多的滾刀塊。

③ 放油燒至五成熱，將薯仔放入，中小火炸至金黃色，撈出瀝油。

④ 保持油溫，將茄子放入，也炸至表面金黃後，撈出瀝油。

⑤ 留約3湯匙油，煸香蔥末、薑末。

⑥ 加入肉末翻炒，加料酒、白砂糖、生抽、甜麵醬。

⑦ 加入30~50毫升水煮沸。放入茄子和薯仔，翻炒均勻。

完成！

⑧ 加入老抽調色，最後將湯汁收濃即可。

油燜茭白

主料　茭白450克
輔料　香葱粒10克　醬油2湯匙　白糖1茶匙　雞粉1/2茶匙　油4湯匙

烹飪秘笈

因為茭白直接下鍋炒，容易有一些澀味，在水裏焯一下即可去除。

有人説，我就是愛吃茭白；
有人説，茭白什麼味道都沒有，
那麼試試這道菜吧，
沒有加肉，卻讓茭白比肉還好吃。

操作步驟

① 燒開一鍋水，將茭白逐層去掉外皮，切掉老根，洗淨，切成滾刀塊備用。

② 將茭白放入沸水中焯燙1分鐘後撈出。

③ 鍋中放油燒至六成熱，將焯好的茭白放入，大火翻炒幾下。

④ 倒入醬油和白糖、雞粉，調味炒勻。

⑤ 加入250毫升左右的清水，大火燒煮。

完成！

⑥ 直至湯汁收乾。勤加翻炒，最後撒上香葱粒提香、裝飾即可。

香菇麵筋

烹飪時間 15分鐘　難度 1

主料　鮮香菇12朵 ★ 炸麵筋球15個 ★ 小棠菜或菜心3棵
輔料　五香粉1克 ★ 鹽1/2茶匙 ★ 醬油1湯匙 ★ 豆瓣醬1湯匙 ★ 芝麻油少許 ★ 油3湯匙

操作步驟

① 將鮮香菇洗淨去蒂,然後將菌蓋對半切開。炸麵筋球從中輕輕切開。

② 菜心洗淨,瀝乾水分備用。如果菜心比較粗壯,可以從中間縱剖為兩半。

③ 鍋中放油燒至五成熱,即手掌放在上方能感到明顯熱力的時候,將香菇放入煸炒。

④ 放入鹽和醬油調味。由於鮮香菇中水分較多,放入鹽和醬油之後,隨着鹽分滲透,香菇中的水分會析出。

完成!

⑤ 加少許清水,保持湯水量基本與食材量持平,這時候放入炸麵筋球和菜心。

⑥ 加入五香粉、豆瓣醬攪拌均勻調味。然後蓋上鍋蓋,中火燜燒3分鐘左右。

⑦ 開蓋看到麵筋綿軟吃透湯汁後,大火將湯汁收濃一些,淋入芝麻油即可。

營養貼士

香菇被人們譽為抗癌明星食物,同時,香菇還有一項偉大的本領,就是能夠干擾病毒細胞的合成,對於"無特效藥可治"的感冒病毒,香菇其實真的算是一個剋星了。

烹飪秘笈

油麵筋先用開水泡再烹飪，既省時又去膩；菜心比較容易殘留農藥，所以需要在淡鹽水中充分浸泡20分鐘以上，取出後再漂洗一下。

當"蘑菇皇后"香菇遇見"無錫小夥"油麵筋，
猜猜它們之間會擦出怎樣的火花呢？

麻婆豆腐

烹飪時間 12分鐘　難度 3

主料　南豆腐1塊 ★ 牛肉末50克（瘦肉為主）

輔料　青蒜葉碎15克 ★ 麻椒10克（放在案板上用擀麵杖碾成碎末）
豆豉15克（需要事先剁細）★ 郫縣豆瓣醬2湯匙 ★ 鹽適量 ★ 薑末、蒜末各8克
醬油2茶匙 ★ 砂糖1茶匙 ★ 生粉水50克 ★ 油4湯匙

操作步驟

① 將豆腐盒底部剪開一個小口，然後將正面的膜去掉，倒扣在碟中即可將整塊豆腐輕鬆取出。

② 將豆腐切成1.5厘米見方的小塊，放入煮沸的淡鹽水中煮滾後撈出，浸入冷水備用。

③ 放入大約1湯匙油，將牛肉末放入，小火煸炒，直至將其中的水分煸乾後再盛出備用。

④ 放餘油燒至五成熱，放入郫縣豆瓣醬，將其煸炒出紅油，同時能聞到濃郁的香氣。

完成！

⑤ 放入薑末、蒜末、剁細的豆豉。

⑥ 加入大約2湯匙清水、醬油和砂糖煮滾。

⑦ 放入豆腐、牛肉末，旺火燒煮1分鐘，為了避免糊底，中間適度旋動鍋身。

⑧ 取一半生粉水勾芡，煮1分鐘。再放入剩下的生粉水，撒上事先碾碎的麻椒碎末、青蒜葉碎即可。

營養貼士

豆腐是人們對於大豆中的植物蛋白的最好利用方式，這樣的蛋白質非常容易被人體吸收。同時，豆腐中的鈣質對牙齒、骨骼的生長都有非常大的幫助，能夠預防骨質疏鬆。

烹飪秘笈

用麻椒碎來調麻味，而非花椒粒，否則影響口感；這道菜兩次勾芡的原因是豆腐比較容易出水，前後兩次勾芡可以讓菜品的湯汁更為濃厚。

麻、辣、燙、香、酥、嫩、鮮、活，
陳家鋪子的八字箴言就是對這道菜最好的詮釋。

肉末燒豆腐

主料　豬肉末50克 ★ 北豆腐1塊（400~500克）

輔料　鹽適量 ★ 蠔油1湯匙 ★ 醬油2湯匙 ★ 料酒1湯匙 ★ 葱花10克
　　　香葱粒8克 ★ 花椒粉2克 ★ 油3湯匙

烹飪秘笈

北豆腐切好後放入清水中，加鹽攪勻浸泡，這樣更耐燒，口感更好。

雖然不容易做出好賣相，
但是不要緊，和米飯混合在一起，味道不打折。

操作步驟

① 將北豆腐切成2厘米左右見方的塊，放入淡鹽水中略浸泡。

② 將豬肉末用料酒、花椒粉和10毫升醬油攪勻，醃製入味。將蠔油、剩餘的醬油調勻，製成調味汁。

③ 鍋中放少量油燒至五成熱，將肉末放入，煸炒至熟後盛出備用。

④ 鍋中重新放油燒至五成熱，將葱花放入煸香，然後放入豆腐。

完成！

⑤ 注意豆腐不要過多翻動，鏟的時候要輕。加入調味汁，以中大火力燒煮至湯汁濃稠。

⑥ 最後倒入肉末輕輕炒勻，然後撒上香葱粒即可。

麻辣燙

主料　金針菇50克 ★ 魚丸100克 ★ 大白菜100克 ★ 腐竹50克 ★ 海帶80克 ★ 香腸80克
輔料　麻辣火鍋底料1袋 ★ 蒜頭50克 ★ 芝麻油50毫升

烹飪秘笈
用高湯做麻辣燙，
滋味會更好。

湯熱料嫩、熱氣騰騰的麻辣燙，
給味蕾帶來一波又一波的新鮮刺激，
帶給人一種興旺紅火的味道。
這一碗麻辣燙，就算是藏在街巷最不起眼的角落，
也會被各路飲食男女迅速發現。

操作步驟

完成！

① 金針菇去掉尾部，洗淨；海帶洗淨切片；大白菜洗淨切成片；腐竹泡開切段；香腸切花刀。

② 炒鍋放適量油，燒熱，把火鍋底料炒下，然後倒入開水。

③ 把所有食材都倒進去，煮開。

④ 蒜頭搗碎成蒜茸，加入芝麻油，做成油碟，吃的時候用食材蘸着吃即可。

梅菜扣肉

烹飪時間 90分鐘　難度 1

主料　五花肉350克　梅菜150克
輔料　薑10克　冰糖20克　醬油2茶匙　老抽2茶匙　料酒2茶匙　白糖1/2茶匙
　　　雞粉1/2茶匙　鹽適量　油適量

操作步驟

①
梅乾菜放清水中泡開。薑洗淨切片,放入沸水鍋中,放入五花肉焯燙至變色後撈出,擦乾表面水分。

②
老抽、料酒、鹽和1茶匙醬油放碗中調勻,均勻地抹在五花肉上,醃製約1小時。

③
鍋中放油燒至四成熱,放入冰糖小火慢慢熬化製成糖色。

④
五花肉皮向下入鍋煎至焦黃色,翻面再煎至焦黃,淋糖汁,盛出待涼切片,皮向下碼入碗中。

⑤
泡好的梅乾菜擠去水分備用;鍋中留油,將梅乾菜炒散,調入白糖、雞粉、剩下的醬油炒勻後盛出。

⑥
將梅乾菜在肉片中交替填放,剩餘的梅乾菜覆蓋在最上面,壓實。上鍋蒸1小時以上。

⑦
關火悶5分鐘左右後將碗取出,將平碟蓋在碗上。

完成!

⑧
雙手分別按住碗和碟,將碗倒扣,再將碗取下即可。

營養貼士

純樸的梅菜不但為扣肉增添了滋味,更吸納了扣肉流出的油脂,讓扣肉肥而不膩。這是中華料理的烹飪秘訣與養生之道的完美結合。

烹飪秘笈

蒸好後最好不要立刻開蓋取出，讓肉在裏面再悶一會兒，讓蒸汽再凝結一下，肉的味道會更醇厚。

顏色醬紅油亮，湯汁黏稠鮮美，
扣肉滑溜醇香，食之軟爛可口、肥而不膩，
又一道讓人欲罷不能的下飯菜！

酸菜白肉

烹飪時間 30分鐘　難度 1

主料　帶皮豬枚頭肉(梅花肉)250克 ★ 酸菜300克
輔料　葱段、薑塊、蒜頭各15克 ★ 八角、花椒各8克 ★ 香葉1片 ★ 鹽、雞粉各1茶匙
　　　乾紅辣椒3根 ★ 白胡椒粉1克 ★ 芝麻油少許 ★ 油3湯匙

烹飪秘笈
如果在冬天，可以使用砂鍋，能更持久地保持熱力，吃後身體暖暖的。

酸菜中和了豬枚頭肉的肥膩，
還給豬肉增添了酸菜的香。
熱氣騰騰的酸菜白肉，
在東北人的冬季生活中佔有非常重要的地位。

操作步驟

① 將葱段、薑塊、蒜頭拍鬆備用。酸菜切成絲，攢一下擠出多餘水分。

② 將帶皮豬肉洗淨，放入冷水鍋中，加入葱段、薑塊、蒜頭、八角、花椒、香葉，大火煮沸。

③ 待豬肉完全變色後，撇去浮沫將其撈出，沖涼水後切成大片，厚度約3毫米即可。

④ 放油燒至五成熱，將乾紅辣椒爆香後放入酸菜炒製1分鐘左右。

⑤ 將煮豬肉的湯放入適量，基本和食材等量就可以，大火煮開。

完成！

⑥ 放入切好的豬肉，加鹽、白胡椒粉、芝麻油調味，繼續燒製兩三分鐘即可。

可樂雞翼

主料　雞中翼400克
輔料　葱段、薑塊各10克★八角5克★可樂1聽★醬油2湯匙★雞粉1/2茶匙
　　　五香粉2克★料酒2湯匙★油3湯匙

烹飪秘笈
在最後的時候要勤加翻動，失去水分的糖分非常容易糊鍋，要特別注意。

味道鮮美，色澤艷麗，雞翼嫩滑，
又保留了可樂的香氣，
頗受老人和小孩的喜愛！

完成！

操作步驟

1 將雞翼洗淨，葱段、薑塊拍鬆備用。

2 鍋中放油燒至七成熱，將葱段、薑塊、八角放入煸香，放入雞翼，煸炒至金黃色。

3 然後放入可樂、醬油、五香粉和料酒，大火煮開。

4 最後用中小火燒至湯汁收乾即可。

麵筋塞肉

烹飪時間 30分鐘　難度 3

主料　油麵筋10~15個★豬腿肉300克（肥瘦相間）
輔料　醬油1湯匙★老抽2茶匙★醬油2湯匙★五香粉2克★芝麻油1茶匙
　　　砂糖1茶匙★葱末、薑末各8克★料酒2湯匙

操作步驟

①
將豬腿肉微微凍硬後，取出，先切薄片，然後再切成絲。

②
將其慢慢剁成肉餡，注意剁的時候要有耐心，不要急於一時。

③
將肉餡用醬油、芝麻油、葱末、薑末、料酒攪拌均勻，靜置20分鐘左右至其入味。

④
將油麵筋用筷子在上方紮開，但不要紮漏。

完成！

⑤
用筷子在麵筋內部攪動幾下，清出一部分空間。

⑥
將肉餡從紮開的口子中慢慢塞入。

⑦
燒開水，將油麵筋放入。加入醬油、老抽、砂糖、五香粉，攪拌均勻。

⑧
大火煮開後轉小火，直至湯汁收濃，被麵筋完全吸收即可。

營養貼士

麵筋塞肉這種烹飪方法，可以避免煎炒烹炸所帶來的油脂攝入過量。如果想營養均衡，建議這道菜搭配一兩道蔬菜一起吃，保證蛋白質、維他命、膳食纖維等的全面攝入。

烹飪秘笈

自己製作的肉餡更
為好吃，如果想要
圖省事，也可以購
買現成的肉餡，注
意要肥瘦相間。

肉餡吃膩了，
就試試這款麵筋塞肉，
咬一口，飽滿的汁水流淌在米飯上，
一個就可以下一碗飯。

蠔油牛肉

主料　牛脊肉350克
輔料　大蔥1根 ★ 生粉水2湯匙 ★ 醬油1茶匙 ★ 蠔油2湯匙 ★ 薑絲10克 ★ 黃酒1湯匙
　　　油3湯匙

操 作 步 驟

① 將牛脊肉洗淨切厚片。使用小蘇打抓拌均勻，靜置片刻後，用清水沖淨，可令肉片更嫩。

② 用10毫升黃酒、少許蠔油（10毫升以內）抓拌均勻，醃製20分鐘以上至入味。

③ 大蔥去掉外面的老皮，洗淨後，斜刀切成長段。

④ 將醬油、生粉水、剩餘蠔油製成調味汁備用。

完成！

⑤ 鍋中放油燒至六七成熱，即能看到少許油煙的時候，放入薑絲煸香。

⑥ 放入牛肉，同時烹入剩餘的黃酒，大火烹炒。

⑦ 看到牛肉基本變色後，放入蔥段，煸炒至蔥軟，就放入調味汁。

⑧ 調味汁中有生粉水，看到水生粉逐漸變稠成為芡汁，即可離鍋。

營 養 貼 士

牛肉中含有的蛋白質，其氨基酸組成與人體所需非常契合，並且能夠提升機體抗病能力，強筋骨、益氣血。同時，牛肉也有不錯的補血作用。

愛吃牛肉的人，必須要學會的菜，
只要掌握好火候，便能成為你的當家菜！

烹飪秘笈
為了不讓牛肉變
老，必須要用大火
讓其快速成熟。

紅燒肉

主料　豬五花肉400克
輔料　冰糖20克 ★ 薑片15克 ★ 料酒3湯匙 ★ 醬油1湯匙 ★ 紅燒醬油35毫升
　　　五香粉1/2茶匙 ★ 油3湯匙

操作步驟

① 將五花肉切成麻將牌大小的塊，然後用1湯匙料酒醃製抓勻。

② 鍋中放油燒至五成熱，先放入薑片爆香，同時旁邊另準備小半鍋清水，燒開備用。

③ 將五花肉放入鍋中，中火煸炒，表面變色後烹入剩餘料酒，炒至肉邊緣微焦後盛出，薑片盛出留用。

④ 鍋中留油，轉小火，然後放入冰糖，慢慢熬化，成為棕黃色的糖汁。

⑤ 放入豬肉炒糖色，讓肉塊迅速裹勻糖汁。

⑥ 此時水應該已經開了，將水倒入鍋中繼續大火燒煮。

⑦ 加入醬油、紅燒醬油、五香粉和剛才的薑片。

完成！

⑧ 小火燒至湯汁收濃即可。

營養貼士

很多人把紅燒肉當成不健康的菜品來看待，其實是有誤區的。紅燒肉如果燒得好，可以把很多油脂燒融掉，這樣脂肪就減少了很多。

烹飪秘笈

如果一開始就用
砂鍋煮好沸水，然
後將肉移入砂鍋
中用砂鍋煲燉，效
果更好。

"慢着火，少着水，火候足時它自美。
　每日早來打一碗，飽得自家君莫管。"
蘇東坡的這首《食豬肉》詩，盡得紅燒肉的烹飪之道，
充滿了人間煙火氣息。

矮辣茄

烹飪時間 10分鐘　難度 1

主料　茄子300克(長茄子、圓茄子均可)★尖辣椒1根★番茄1個
輔料　蒜頭3瓣★醬油1湯匙★砂糖1/2茶匙★鹽、雞粉各1/2茶匙
　　　油500毫升(實耗約50毫升)

操作步驟

① 將茄子洗淨,不必去皮,可保留其中珍貴的維他命P,切滾刀塊。

② 蒜拍鬆去皮,切成蒜末備用。

③ 尖辣椒去蒂去子洗淨,斜切成平行四邊形的片備用。

④ 番茄洗淨,頂部劃開十字小口。

⑤ 用開水焯燙十幾秒至番茄外皮翹起,去掉外皮,切成大塊備用。

⑥ 鍋中放油燒至七成熱,將茄子放入,炸至邊緣略變色,整體略軟的時候,撈出瀝油。

⑦ 鍋中留少許油,保持油溫,將蒜末爆香後,放入尖辣椒翻炒至斷生。

完成!

⑧ 然後加入番茄和茄子,放入醬油、砂糖、鹽、雞粉調味,翻炒均勻即可。

營養貼士

茄子、番茄、尖辣椒都是富含維他命C、維他命E的食材。茄子中的維他命P容易流失,所以注意炸製的時間不可過長,也可以掛上薄糊來炸製,更加健康。

茄子（俗稱"矮瓜"）、辣椒、番茄，
取每種食材的一個字，
組成了一個好玩的名字；
味道呢，也有稍稍怪，稍稍鮮、稍稍酸、稍稍甜。

醬牛肉

主料　牛腱肉600克（牛前腿腱子肉為好，切成兩三個大塊）
輔料　鹽4茶匙 ★ 醬油1湯匙 ★ 老抽2茶匙 ★ 五香粉1/2茶匙 ★ 砂糖2茶匙
　　　葱段、薑塊各20克 ★ 丁香、花椒、八角、陳皮、甘草、小茴香、桂皮、香葉各5克

操作步驟

①
將牛腱肉加適量清水大火煮沸。撇去浮沫，撈出，放入冷水中緊一下。

②
砂鍋中放入足量清水，加入丁香、花椒、八角、陳皮、甘草、小茴香、桂皮、香葉，略煮。

③
再加入鹽、醬油、老抽、五香粉、砂糖、葱段、薑塊大火煮開。

④
放入牛肉繼續大火煮製15分鐘，將牛肉撈出，自然冷卻。

⑤
燉肉原湯留用。再次燒至滾沸。

⑥
在牛肉冷卻完畢後，再次放入原湯中，小火煨製45分鐘左右。

完成！

⑦
盛出後將牛肉再次置於室溫下冷卻，切薄片即可。

營養貼士

吃下去就渾身有力氣的好料理！用保鮮膜包幾片放在口袋裏當零食吃，即便冷了也不影響口感和營養。牛肉補中益氣、滋養脾胃、強筋健骨。如果有人身體孱弱，不如做一鍋醬牛肉送過去，絕對是既養胃又貼心！

烹飪秘笈
一開始將牛肉焯水後放入冷水，是為了能讓肉質更為緊實。

最喜歡直接用手指拿着吃了。
冷了熱了都好吃的醬牛肉，
幾片下肚，
頓時感覺自己跟綠林好漢一樣。

魚香茄子

烹飪時間 10分鐘　難度 3

主料　長茄子500克 ★ 青椒100克

輔料　四川泡椒20克(提前剁碎) ★ 葱末、薑末、蒜末各8克 ★ 鹽2克 ★ 雞粉1/2茶匙
　　　醬油2茶匙 ★ 白醋1湯匙 ★ 料酒2茶匙 ★ 砂糖8克 ★ 生粉水1湯匙
　　　油500毫升(實耗約45毫升)

操作步驟

① 將長茄子去蒂洗淨，縱剖之後，切成7厘米長、1厘米粗的長條。

② 青椒去蒂去子，沖洗乾淨，縱向切成和茄子條大小長短大概一致的條。

③ 鍋中放油，燒至五成熱，即手掌放在上方有明顯熱力的時候，將茄子放入。

④ 中小火炸至表面金黃，撈出瀝油備用。

完成！

⑤ 在炸製茄子的同時，將鹽、醬油、白醋、料酒、砂糖和生粉水調勻製成魚香調味汁。

⑥ 鍋中留下少許油，將葱末、薑末、蒜末放入，加入提前剁碎的泡椒炒香。

⑦ 然後放入青椒和茄子，中火翻炒2分鐘左右。

⑧ 放入魚香調味汁，勤加翻炒，至均勻並且芡汁收濃後即可盛出。

營養貼士

吃茄子最好不要去皮，很多別的蔬菜中沒有的維他命都在這紫色的皮中。現代人每天大魚大肉，透支了血管的健康，而茄子正是保護心血管的能手，它能提升血管的彈性。並且，茄子對有害的膽固醇也有抑制作用。

烹飪秘笈

用四川的泡椒，味道才更地道；茄子要先炸過，吃透了油，才更好吃。

小小魚香菜，凝結烹飪的大智慧，
我等狼吞虎嚥之餘，
可別忘了佩服一下當時發明這沒有魚卻有魚味的鮮美菜餚的大廚！

腐竹燜雞

主料　乾腐竹25克　三黃雞1/2隻　紅彩椒1個
輔料　香葱20克　薑片15克　鹽、雞粉各2茶匙　醬油2湯匙
　　　白芝麻15克　料酒2湯匙　油3湯匙

操作步驟

① 將雞泡淨血水，沖洗乾淨後切塊，抹勻雞粉醃製一會兒備用。

② 同時將腐竹泡發，撈出瀝水備用；紅彩椒去蒂去子，洗淨切成條；香葱洗淨切寸段備用。

③ 鍋用小火燒熱，將白芝麻放入焙香，注意不要燒糊，盛出備用。

④ 鍋中放油燒至五成熱，先放入薑片爆香後，再放入雞塊翻炒。

⑤ 雞塊完全變色後，倒入料酒，翻炒均勻，小火燜幾分鐘。到雞肉完全變色、七八成熟。

⑥ 然後加入少許清水，水量在250毫升左右，再加入腐竹和紅彩椒。

⑦ 調入鹽、醬油，燒至食材入味且熟透。

完成！

⑧ 撒入香葱、白芝麻即可。

營養貼士

腐竹富含植物蛋白質，營養價值較高。其所含的卵磷脂，具有防止血管硬化、預防心血管疾病的功效。雞肉也富含蛋白質，且脂肪含量低，它所含的脂肪多為不飽和脂肪酸，是適合多數人食用的營養肉食。

烹飪秘笈

這道菜中還可以加入板栗，味道更佳。同時，栗子和雞也是非常好的營養搭配。

想起家裏有這麼一鍋腐竹燜雞在等着，
就感覺渾身充滿了力氣，
回家的腳步也不由得加快了幾分。

爛糊肉絲

烹飪時間 10分鐘　難度 1

主料　大白菜200克 ★ 豬脊肉100克
輔料　蔥末、薑末各8克 ★ 鹽1/2茶匙 ★ 雞粉1茶匙 ★ 料酒1湯匙
　　　生粉水3湯匙 ★ 油3湯匙

操作步驟

①
豬脊肉洗淨後切成
3~5厘米長，5毫
米左右粗細的絲。

②
將豬肉用料酒和1
克鹽抓勻，醃製去
腥備用。

③
醃製的同時，將大
白菜洗淨，切成5
厘米左右長，5毫
米左右粗細的絲備
用。

④
鍋中放油燒至五成
熱，將蔥末、薑末
放入爆香，然後放
入豬脊肉煸炒至變
色。

⑤
加入大白菜翻炒均
勻，蓋蓋燜1分鐘
左右，大白菜變軟
了，就放入剩餘鹽
調味炒勻。

完成！

⑥
最後加入生粉水勾
芡即可離鍋。

營養貼士

豬肉和白菜雖然都是普通
的食材，但是二者的營養卻
不容小覷。富含多種維他
命和膳食纖維的大白菜，鮮
甜可口，配合富含蛋白質
的脊肉，真是一道下飯的
營養好菜。

烹飪秘笈

如果覺得肉太軟不好切，可以將肉塊放入冰箱速凍至微微變硬後再切。這道菜的白菜比較容易出水，所以芡可以厚一些。

誰會想到這道江浙的名菜，
用的主料卻是北方特產的大白菜呢？
又是一道體現中國人烹飪智慧的佳餚。

水煮魚

烹飪時間 25分鐘　難度 5

主料　草魚1條 ★ 豆芽菜350克
輔料　青花椒25克 ★ 良薑15克 ★ 八角15克 ★ 桂皮5克 ★ 香茅10克 ★ 香葉8克 ★ 乾紅辣椒段30克
　　　料酒2湯匙 ★ 雞粉1茶匙 ★ 生粉1湯匙 ★ 白胡椒粉1/2茶匙鹽2茶匙 ★ 油適量

操作步驟

① 草魚洗淨，平放，從尾部一刀至脊骨，然後橫刀向魚頭方向切，將魚肉片下。魚骨、魚頭留用。

② 將魚肉斜刀切大片。斜刀輕輕片下魚的主刺。

③ 魚肉用雞粉、1/2茶匙鹽、1湯匙料酒，輕輕抓拌均勻，然後放入生粉輕輕抓拌均勻，上漿備用。

④ 豆芽菜汆燙斷生，瀝水。水中加白胡椒粉、剩餘鹽和料酒，將魚頭、魚骨焯至六成熟，放在豆芽菜上。

完成！

⑤ 用同樣的步驟將魚肉片焯至六成熟，也就是剛變色不久後，盛出放在盛裝豆芽菜的大碗中。

⑥ 將乾紅辣椒段撒在魚肉片上。鍋中放油，將良薑、八角、桂皮、香葉、香茅，小火炸香後，撈出調味料棄去。

⑦ 將油溫提升至六成熱，即手掌放在上方能感到明顯熱氣的時候，放入青花椒，小火炸出香味。

⑧ 最後將花椒連油一起澆在放魚肉的大碗中即可。

營養貼士

草魚的烹飪方法多種多樣，它的不飽和脂肪酸含量較高，是養護人體心血管的健康食品。同時草魚中含有大量的硒，這是養顏護膚不可缺少的元素，並對防治腫瘤有一定效果。

烹飪秘笈

斜切大片的時候，角度要比較大，盡量壓着魚肉切，切出的片大而薄，有些半透明狀最好。

面對鮮美嫩滑的魚肉，忍不住拼命伸筷子！
可是還是建議吃這道菜時文質彬彬一些，不能大口刨，
不然一口下去，腦袋會被辣味嗆得轟轟響。

蒜子燒鯰魚

主料　鯰魚400克（取中段）

輔料　蒜頭25克 ★ 醬油3湯匙 ★ 白糖1茶匙 ★ 料酒2湯匙 ★ 葱段15克 ★ 薑片15克
香醋1湯匙 ★ 雞粉1/2茶匙 ★ 油4湯匙

操 作 步 驟

①

鯰魚取中段肉質最肥厚的部位，切成2~3厘米的大段備用。另煮沸水備用。

②

鍋中放油燒至六成熱，放入拍鬆的蒜頭，小火煸至蒜頭微微焦黃，將蒜先盛出備用。

③

鍋中留下帶有蒜香味的油，保持油溫，把葱段、薑片放入爆香。

④

放入魚段，煎炒至魚肉外表變色。

⑤

向鍋中加入沸水，水量大致平齊食材，然後倒入料酒、醬油、白糖、雞粉和蒜頭，大火煮開。

完成！

⑥

直至湯汁收濃，臨近起鍋的時候，將香醋倒入即可。

烹飪秘笈

蒜頭拍鬆，利於它散發蒜香氣息，同時讓拍鬆的蒜頭在空氣中暴露20分鐘左右，其中的蒜頭素活性才會達到最強。

綿軟的鯰魚肉，
飽飽吸取了蒜頭的香氣，
和米飯嚼在一起，好吃得停不下口。
蒜吸收了魚香與甜美的汁水，其味道更是驚艷。

香菇燉雞

烹飪時間 100分鐘　難度 1

主料　三黃雞1隻 ★ 乾香菇10朵
輔料　醬油2湯匙 ★ 冰糖8克 ★ 蔥段、薑片各15克 ★ 料酒2湯匙 ★ 鹽適量

操 作 步 驟

①

將三黃雞洗淨斬件。

②

將乾香菇用溫水泡發後，沖洗乾淨。

③

泡香菇的水留下，如果裏面有砂子，可用紗布或濾網濾除。

④

在燉鍋底部放上蔥段、薑片。

⑤

將斬件後的三黃雞放入鍋中，再放香菇和香菇水，水量如果沒有沒過食材，可以再加一些清水。

⑥

倒入醬油和冰糖、料酒，大火煮開後，轉小火燉至雞肉熟爛。

完成！

⑦

最後根據自己的口味加鹽調味。鹽要最後放，否則會讓雞肉的口感發緊。

營 養 貼 士

香菇與雞肉，營養和味道上都堪稱絕配。香菇可增強免疫力，雞肉溫中補氣，補虛填精。還可以把三黃雞換成烏雞，那就更是一道上上滋補的佳餚了。湯也別浪費，喝下去感覺渾身充滿了能量。血脂高的人吃這道菜時，可不吃脂肪含量高的雞皮。

燉上這麼一鍋，香氣四溢，

連鄰居都忍不住過來問：做了什麼好吃的？

廚房裏飄出的香氣，帶給人最溫暖的幸福。

牛腩燉蘿蔔

主料　牛腩300克 ★ 白蘿蔔500克

輔料　香蔥段15克 ★ 醬油2湯匙 ★ 鹽1/2茶匙 ★ 蔥段、薑片各10克砂糖1/2茶匙
　　　五香粉2克 ★ 料酒2湯匙 ★ 油3湯匙

操作步驟

① 將牛腩洗淨切成3厘米左右見方的大塊，白蘿蔔去皮洗淨切成滾刀塊。

② 準備一鍋清水，將牛腩放入，開大火煮開，將浮沫撇去。

③ 牛腩撈出瀝水備用。

④ 鍋中放油燒至五成熱，即手掌放在上方能感覺到明顯熱氣的時候，將蔥段、薑片放入爆香。

完成！

⑤ 然後放入牛腩，加入醬油、砂糖和五香粉翻炒均勻。

⑥ 加入白蘿蔔炒勻。

⑦ 然後再加入清水，水量大致能夠沒過食材就可以。

⑧ 加入料酒、鹽、雞粉，大火煮開後，轉小火燉製牛腩熟爛，湯汁收濃即可，離鍋後撒入香蔥段。

營養貼士

這道菜真是再滋補不過了。牛肉具有養氣血、悅容顏的功效，蘿蔔則滋陰補氣、潤肺化痰。這道菜非常適合在秋冬季節食用。

烹飪秘笈

蘿蔔可以換成薯仔、海帶、藕塊等耐煮的食材。做好了可以速凍在冰箱裏，想吃的時候取一袋化開，味道和新做出來的一樣。

"冬吃蘿蔔夏吃薑"，

這道牛腩燉蘿蔔清潤進補，

去燥順氣，非常適合在寒冷乾燥的冬天食用。

土豆燒牛肉

烹飪時間 80分鐘　難度 3

主料　薯仔(土豆)350克 ★ 牛腩300克
輔料　花椒5克 ★ 八角1個 ★ 桂皮2克 ★ 鹽1茶匙 ★ 醬油2湯匙 ★ 雞粉1/2茶匙 ★ 老抽1茶匙
　　　豆瓣醬2茶匙 ★ 乾紅辣椒2根 ★ 葱段、薑片各8克 ★ 料酒2湯匙 ★ 油2湯匙

操 作 步 驟

① 將薯仔去皮洗淨，切成滾刀塊。

② 將薯仔浸入清水中備用，這樣可以防止薯仔在空氣中氧化變色。

③ 牛肉在清水中泡淨血水，然後切成和薯仔差不多大小的塊。

④ 鍋中放油燒至五成熱，將葱段、薑片爆香。

完成！

⑤ 然後放入牛肉，翻炒至牛肉基本定型、表面變色。此時放入薯仔。

⑥ 放入沒過食材的清水，大火燒煮。

⑦ 加入鹽、醬油、雞粉、豆瓣醬、老抽、料酒、乾紅辣椒、花椒、八角、桂皮，大火煮開。

⑧ 轉小火慢燉，直至牛肉熟爛。這個步驟可以放在高壓鍋裏進行，速度更快，效果更佳。

營 養 貼 士

薯仔是極品好食材，薯仔吸收了牛肉的滋味，口感綿軟，味道香濃，是一道下飯的好菜。牛肉富含蛋白質，薯仔富含碳水化合物，因此，吃這道菜時，最好搭配一盤富含膳食纖維和維他命的蔬菜，使營養攝入更均衡。

烹飪秘笈

由於這道菜追求的是薯仔的綿軟，所以不用在一開始將生粉都洗掉。浸入清水是為了防止薯仔氧化變色。

以前被奉為壓軸大菜的一道美味，
流傳到現在，依然經典，
飯桌上必須要經常出現的好菜。

三鮮砂鍋

主料　大蝦200克 ★ 嫩豆腐1盒 ★ 娃娃菜1棵 ★ 魚丸80克 ★ 乾香菇6朵 ★ 粉絲1小把
輔料　鹽、雞粉各1茶匙 ★ 芝麻油1茶匙 ★ 白胡椒粉1/2茶匙

操作步驟

① 乾香菇放入溫水中充分浸泡後，沖洗乾淨，泡香菇的水濾去殘渣後留用。

② 將大蝦背部劃開一刀，去蝦腸後洗淨。

③ 嫩豆腐切成2厘米見方的塊。

④ 娃娃菜將葉片分別掰開成一片片的，洗淨備用。

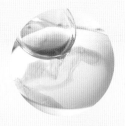

完成！

⑤ 鍋中放入泡香菇的水，再補足一些清水，煮沸。這道菜用砂鍋烹飪效果更佳。

⑥ 將除粉絲外的所有食材煮熟。

⑦ 加入鹽、白胡椒粉、芝麻油調味。

⑧ 最後放入粉絲煮熟即可。

就好比桃園三結義，
兄弟齊心，其利斷金。
正因如此，才鮮得有道理。

烹飪秘笈
取出盒裝的嫩豆腐，在盒底部剪開一個小口，使一些空氣進入，然後在正面劃開封膜，豆腐就整塊倒扣出來了。

CHAPTER V

伴飯好湯

酸辣湯

主料　豬裏脊肉100克 ★ 筍片50克 ★ 嫩豆腐50克 ★ 乾木耳5克 ★ 乾香菇3朵 ★ 雞蛋1個
輔料　芫荽15克 ★ 雞汁1湯匙 ★ 料酒2茶匙 ★ 醬油2湯匙 ★ 米醋3湯匙 ★ 白胡椒粉1/2茶匙
　　　生粉水適量 ★ 香油少許 ★ 鹽1/2茶匙 ★ 油2湯匙

操作步驟

①
乾木耳、乾香菇分別用溫水泡發，洗淨切絲；豬肉、筍片分別洗淨切絲；香菜洗淨切碎備用。

②
鍋中放油燒至四成熱，下入豬肉絲滑散，用部分料酒烹香後盛出。

③
淨鍋中加入清水煮開，下入雞汁、豆腐、香菇、木耳、筍絲、肉絲，煮沸後改小火。

④
調入醬油、鹽、白胡椒粉、剩餘料酒調味，然後用生粉水勾芡。

⑤
雞蛋打散成蛋液，然後用裝着蛋液的碗在湯鍋上方，一邊畫圈一邊徐徐淋下蛋液。

⑥ 完成！
最後加入米醋攪拌均勻，淋入香油，撒入芫荽即可。

烹飪秘笈

淋蛋液的時候，湯要保持微滾或者滾沸，這樣才能做出漂亮的蛋花；此外生粉水的用量以湯汁略變得濃厚一些就可以，不必做成羹一樣的稠度。

每喝一口，都讓自己的舌頭靜待味道慢慢消去，
然後迫不及待地再喝一口，
這就是總也停不下的節奏，
吃飽了再喝照樣開胃……

榨菜肉絲湯

主料　豬裏脊100克 ★ 原味榨菜50克 ★ 胡蘿蔔20克
輔料　生粉10克 ★ 雞蛋1隻 ★ 醬油1湯匙 ★ 料酒2茶匙 ★ 芝麻油少許 ★ 鹽適量 ★ 油適量

操作步驟

① 豬肉洗淨、切絲，加入料酒、生粉抓勻，上漿入味。

② 胡蘿蔔洗淨去皮、切絲，或者用擦絲器直接擦成絲；雞蛋打散備用。

③ 鍋中放油燒至四成熱，即手掌放在上方能感到微微熱氣的時候，下入豬肉絲滑散。

④ 加入胡蘿蔔絲、榨菜炒勻，烹入少許醬油稍煸炒。

完成！

⑤ 往鍋裏加入適量熱水，煮沸，用裝着蛋液的碗在鍋上方，一邊畫圈一邊徐徐淋下蛋液。

⑥ 最後根據口味加鹽調味，淋入芝麻油即可。

營養貼士

這道湯既能暖胃又能養胃，鹹度適中的榨菜，還有生津之功效。一餐結束，喝上一碗，營養又愜意。

烹飪秘笈
雞蛋要打至均勻無膠狀
才能保證蛋花好看；原
味榨菜可以嚐一下，如
果味道過重，可以先用
水洗一下。

有時候，
一個無心之舉也許就會成就了一個傳奇。
雖無證可考，但我猜想，
發明它的人肯定無法預料到它能有今天的江湖地位。

冬瓜丸子湯

烹飪時間 20分鐘　難度 3

主料　冬瓜250克 ★ 豬肉餡150克
輔料　高湯1500毫升 ★ 醬油1/2茶匙 ★ 料酒1茶匙 ★ 生粉1茶匙 ★ 雞蛋白適量
　　　白胡椒粉2克 ★ 葱末、薑末各10克 ★ 芫荽末適量 ★ 芝麻油、鹽各1/2茶匙

烹飪秘笈
生粉不宜多放，會影響口感；丸子已經有了鹹味，湯中放鹽要謹慎。

這個菜，當媽的得會做，營養又下飯；
當主婦的得會做，經濟又省事；
一個人過就更得會做，鮮美又養人，
感受家的味道，也是幸福的味道。

操 作 步 驟

1　把剁好的豬肉餡放進小碗裏，加醬油、薑末、料酒、生粉、蛋白順一個方向攪打均勻。

2　冬瓜洗淨去皮去子，切成2~3毫米厚的薄片備用。

3　鍋內加高湯（沒有高湯，用清水也可），大火煮沸後，下切好的冬瓜片煮3~5分鐘至開鍋。

4　冬瓜煮開鍋後，轉小火，用湯匙將調好的豬肉餡舀起或用手搓成丸子逐個下鍋。

完成！

5　待所有的丸子下鍋定型後，改大火煮沸2分鐘，用湯勺小心去掉湯表面浮沫。

6　湯裏調入鹽和白胡椒粉，盛入湯大碗後淋少許芝麻油，撒上葱末、芫荽末即可。

排骨海帶湯

主料　肋排400克 ★ 海帶結250克
輔料　葱段、薑片各15克 ★ 料酒2湯匙 ★ 鹽適量 ★ 雞粉1/2茶匙

烹飪秘笈
肋排不要沸水下鍋，否則有腥氣；最好最後再放鹽。

在餐桌上，排骨海帶湯總有它的一席之地。
家人圍坐，啃着骨頭，嚼着海帶，咕嚕咕嚕喝着湯，
天南海北地話家常，其樂融融。

操作步驟

1　肋排斬段，放水中，浸泡出多餘的血水後洗淨；海帶結洗淨。

2　鍋中加入清水和料酒，冷水下入肋排。

3　肋排焯燙至變色後，撇去浮沫，撈出備用。

4　鍋中重新注入清水燒沸，加入葱段、薑片、排骨燒開。

5　轉小火，加蓋燉煮1小時左右。

完成！

6　將海帶結下入鍋中，繼續燉煮5分鐘，加入鹽、雞粉調味即可。

魚頭豆腐湯

烹飪時間
90分鐘

難度
3

主料　魚頭1個　豆腐250克
輔料　薑10克　香葱20克　鹽適量　油適量

操作步驟

①

魚頭去鰓洗淨，縱刀剖成兩半；薑洗淨、切片；香葱去根、洗淨、切粒。

②

豆腐切成2~3厘米見方的塊備用。同時燒開適量清水備用。

③

炒鍋燒熱，用薑片將鍋內壁擦一圈，這樣可以有效防止煎製時粘鍋。

④

放油燒至七成熱，即能看到輕微油煙時，下入魚頭煎至兩面變色，加入足量燒沸的清水。

⑤

將魚頭及湯水倒入砂鍋中，燉煮1小時左右，湯色會逐漸變為濃白色。

⑥

將豆腐塊加入砂鍋中，再燉煮10分鐘。

⑦　完成！

最後根據自己的口味加鹽調味，撒入香葱粒即可。

營養貼士

魚肉和豆腐是一對完美的營養搭檔。二者組合，動物蛋白和植物蛋白相輔相成，並且十分易於被吸收。魚頭中還含有大量的卵磷脂，對於腦部健康非常有益，可以説是腦力工作者的福音。

當想要用魚頭來熬湯時，
人們總會想到它的好搭檔——豆腐。
乳白色的湯滋味鮮香，滑嫩的豆腐口感細膩，
滿滿地是十足的誠意。

烹飪秘笈

魚頭可以選擇胖頭魚、青魚、鱅魚、三文魚等。清理魚頭時要仔細沖淨殘留的泥沙，鰓一定要去淨，否則直接影響湯的口感。

雪菜黃魚湯

主料　大黃魚1條 ✾ 醃漬雪菜150克
輔料　薑片15克 ✾ 香蔥粒20克 ✾ 料酒2湯匙 ✾ 鹽適量 ✾ 油4湯匙

操作步驟

①
大黃魚去鱗、鰭、內臟等，收拾乾淨後洗淨，在魚身兩邊側刀劃開幾刀，用料酒抹勻魚身。

②
雪菜放入清水中浸泡幾小時後，去掉多餘的鹹味，取出洗淨、切碎。同時燒開一鍋水。

③
鍋燒熱，先用薑片抹勻內壁以防粘鍋，再放入油，將黃魚煎至兩面金黃，倒入沸水，煮至湯色變白。

④
然後轉小火燉煮20分鐘左右。

⑤
另起鍋加入2湯匙油，下入雪菜煸炒出香味，去掉生澀的味道，盛入魚湯中，繼續煮5分鐘。

⑥ 完成！
最後調入鹽，注意鹽的用量不要太多，因為雪菜中已有鹹味。最後放入香蔥粒即可。

烹飪秘笈
燉煮的環節中，也可以將黃魚及湯汁倒入砂鍋，以中小火燉煮20分鐘左右。

黃魚肉的鮮味和雪菜的鹹味相互交融，
蒜瓣肉的質感還在，
爽脆的口感也還在，
更多了這一大碗鮮美到醉的湯，
還有什麼不滿足？

咖喱牛肉粉絲湯

烹飪時間 140分鐘　難度 3

主料　牛腩200克★乾粉絲20克
輔料　香葱粒20克★香菜末10克★咖喱粉4茶匙★薑片15克★香葉1片
　　　乾紅辣椒2根★料酒2湯匙★醬油4茶匙★老抽2茶匙★雞精1/2茶匙★鹽適量

操 作 步 驟

①
牛腩洗淨、切塊，放入冰水中浸泡，去掉多餘的血水。

②
鍋中放入清水、薑片、牛肉、香葉、乾紅辣椒、料酒煮開，放入醬油、老抽，中小火燉煮2小時。

③
將粉絲放入清水中泡發。

④
牛腩燉好後，將其撈出瀝乾，稍晾涼、切片。

⑤
取燉牛腩的湯，加入適量清水煮開，加入咖喱粉、鹽、雞粉拌勻，下入粉絲稍煮至熟。

完成！

⑥
將咖喱粉絲湯盛出，碼上牛腩片，撒入香葱粒、香菜末即可。

營 養 貼 士

這是一道可以用來當飯吃的湯品。粉絲的原料是糧食，所以可以提供充足的碳水化合物，讓身體有力氣，而牛肉更是補氣血的神物，並且低脂肪，多喝一碗也無妨。

烹飪秘笈

煮製牛肉的時候，中間也要注意隨時撇去浮沫。這些浮沫是肉中殘留的血水凝結而成，去掉後品相、味道、口感都會更好。

上海料理裏必須要跟生煎一起喝的湯，
生煎包已經風靡全國了，
那麼這道湯也要學會吧。

米飯良伴

100道新手必學家常菜

作者
高欣茹（Sabadina）

編輯
祁思、師慧青

攝影
董幸緣

美食造型
葉淳旻

美術設計
Nora Chung

排版
劉葉青

出版者
飲食天地出版社
香港鰂魚涌英皇道1065號東達中心1305室
電話：2564 7511
傳真：2565 5539
網址：http://www.wanlibk.com
http://www.facebook.com/wanlibk

發行者
香港聯合書刊物流有限公司
香港新界大埔汀麗路36號
中華商務印刷大廈3字樓
電話：2150 2100
傳真：2407 3062
電郵：info@suplogistics.com.hk

承印者
美雅印刷製本有限公司

出版日期
二零一六年六月第一次印刷
二零一八年三月第三次印刷

萬里機構　　萬里 Facebook

本書繁體版權由中國輕工業出版社授權出版
版權經理林淑玲 lynn1971@126.com